清 华 电 脑 学 堂

Premiere

视频剪辑标准教程

全彩微课版　　魏砚雨　杨晓笛◎编著

清华大学出版社

北 京

内 容 简 介

本书以Premiere软件为写作平台，以实际应用为指导思想，用通俗易懂的语言对影视后期制作的相关知识进行详细介绍。

全书共10章，内容涵盖Premiere学习入门、视频剪辑基本操作、文字效果、视频过渡效果、视频效果、音频效果、项目输出以及实操案例的制作等。主要章节中穿插"动手练""案例实战""新手答疑"等板块。

全书结构编排合理，所选案例贴合影视后期实际需求，可操作性强。案例讲解详细，一步一图，即学即用。本书不仅适合影视后期爱好者、视频博主、办公人员等阅读使用，还适合相关培训机构作为参考教材。

图书在版编目（CIP）数据

Premiere视频剪辑标准教程：全彩微课版 / 魏砚雨，杨晓笛编著. —北京：清华大学出版社，2022.7
（2024.7重印）
（清华电脑学堂）
ISBN 978-7-302-60903-2

Ⅰ．①P… Ⅱ．①魏… ②杨… Ⅲ．①视频编辑软件—教材 Ⅳ．①TP317.53

中国版本图书馆CIP数据核字（2022）第083317号

责任编辑：袁金敏
封面设计：杨玉兰
责任校对：徐俊伟
责任印制：沈　露

出版发行：清华大学出版社
　　　　网　　　址：https://www.tup.com.cn, https://www.wqxuetang.com
　　　　地　　　址：北京清华大学学研大厦A座　　　　邮　　编：100084
　　　　社　总　机：010-83470000　　　　邮　　购：010-62786544
　　　　投稿与读者服务：010-62776969, c-service@tup.tsinghua.edu.cn
　　　　质　量　反　馈：010-62772015, zhiliang@tup.tsinghua.edu.cn
　　　　课　件　下　载：https://www.tup.com.cn, 010-83470236
印　装　者：三河市天利华印刷装订有限公司
经　　　销：全国新华书店
开　　　本：185mm×260mm　　　印　　张：14.5　　　字　　数：355千字
版　　　次：2022年7月第1版　　　印　　次：2024年7月第3次印刷
定　　　价：79.80元

产品编号：096127-02

前 言

▌编写目的

影视后期制作是一项细致且庞大的工作，包括剪辑、合成、特效制作、音频处理等多个流程。其中，合理的剪辑可以帮助读者厘清影片的脉络结构，把握影片的整体方向及内容。

剪辑只是影视后期制作的一个流程，剪辑得当，会使最终成品锦上添花；剪辑不当，影片效果会大打折扣。

本书以理论与实际应用相结合的方式，从易教、易学的角度出发，详细地介绍影视后期制作相关软件的基本操作技能，同时为读者讲解设计思路，让读者能分辨好、坏后期，提高鉴赏能力。

▌本书特色

● **理论+实操，实用性强**。本书为疑难知识点配备相关的实操案例，使读者在学习过程中能够从实际出发，学以致用。

● **结构合理，全程图解**。本书全程采用图解的方式，让读者能够直观地看到每一步的具体操作。

● **疑难解答，学习无忧**。"新手答疑"板块主要针对实际工作中一些常见的疑难问题进行解答，让读者能够及时处理好学习或工作中遇到的问题，同时还能举一反三地解决其他类似的问题。

▌内容概述

全书共10章，各章内容如下。

章	内容导读	难点指数
第1章	主要介绍一些用于影视后期制作的软件及Premiere软件的基础操作	★☆☆
第2章	主要介绍视频剪辑的基本操作，包括剪辑工具、监视器面板以及时间轴面板等	★★☆
第3章	主要介绍文字效果的制作，包括文字的创建方式与编辑操作	★★☆
第4章	主要介绍视频过渡效果的应用，包括如何添加视频过渡效果、如何编辑视频过渡效果，以及不同视频过渡效果的使用等	★★★
第5章	主要介绍视频效果的应用，包括视频效果的添加与调整、关键帧和蒙版的应用，以及不同视频效果的使用等	★★★
第6章	主要介绍音频的编辑操作，包括音频效果的应用、音频关键帧及音频过渡效果的应用等	★★☆
第7章	主要介绍项目文件的输出等操作，包括输出前的准备工作、输出设置等	★☆☆

（续表）

章	内容导读	难点指数
第8章	综合案例：动态相册的制作	★★☆
第9章	综合案例：影片片头的制作	★★★
第10章	综合案例：影片片尾的制作	★★★

▋附赠资源

● **案例素材及源文件**。附赠书中所用到的案例素材及源文件，扫描图书封底二维码下载。

● **扫码观看教学视频**。本书涉及的疑难操作均配有高清视频讲解，共30段、185分钟，读者可以边看边学。

● **作者在线答疑**。作者团队具有丰富的实战经验，在学习过程中如有任何疑问，可加QQ群交流（群号在本书资源下载包中）。

编　者

2022年6月

目 录

文字效果的制作

视频过渡效果的应用

视频效果的应用

音频效果的制作

项目输出

制作动态相册

制作影片片头

制作影片片尾

第1章
Premiere 学习入门

影视后期制作是指对拍摄完成的影片或制作的动画进行后期处理的过程，一般包括剪辑、特效制作、合成等步骤，用到的软件也比较多元，包括平面软件、三维软件、剪辑软件、音频软件等。本章将从剪辑软件入手，介绍影视后期制作中剪辑的相关知识。

Pr 1.1 Premiere软件简介

Premiere是一款专业的非线性音视频编辑软件，集剪辑、调色、字幕、特效制作、音频处理等多种功能于一体，在影视后期制作领域占据得天独厚的优势。本章将针对Premiere软件进行介绍。

1.1.1 认识Premiere软件

Premiere工作界面包括多种不同的工作区，选择不同的工作区，侧重的面板也会有所不同，图1-1为选择"效果"工作区时的工作界面。用户可以执行"窗口"|"工作区"命令切换工作区，也可以直接在工作界面中选择不同的工作区进行切换。

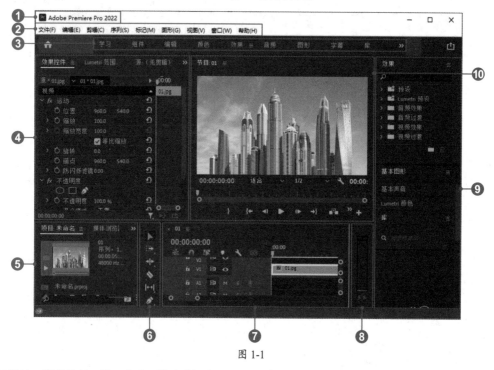

图 1-1

①标题栏 ②菜单栏 ③工作区 ④效果控件、Lumetri范围、源监视器、音频剪辑混合器面板组
⑤项目、媒体浏览器面板组 ⑥工具面板 ⑦时间轴面板 ⑧音频仪表面板
⑨效果、基本图形、基本声音、Lumetri颜色、库面板组 ⑩节目监视器面板

下面对上述界面中的常用面板的作用进行介绍。

● **标题栏：**用于显示程序、文件名称及位置。

● **菜单栏：**包括文件、编辑、剪辑、序列、标记、图形、视图、窗口、帮助等菜单选项，每个菜单选项代表一类命令。

● **效果控件面板：**用于设置选中素材的视频效果。

● **源监视器面板：**用于查看和剪辑原始素材。

● **项目面板：**用于素材的存放、导入和管理。

● **媒体浏览器面板：**用于查找或浏览硬盘中的媒体素材。

● **工具面板：**用于存放可以编辑时间轴面板中素材的工具。

- **时间轴面板**：用于编辑媒体素材，是Premiere软件中最主要的编辑面板。
- **音频仪表面板**：用于显示混合声道输出音量大小。
- **节目监视器面板**：用于查看媒体素材编辑合成后的效果，便于用户进行预览及调整。
- **效果面板**：用于存放媒体特效效果，包括视频效果、视频过渡、音频效果、音频过渡等。

1.1.2 Premiere的协作软件

作为由Adobe公司出品的软件，Premiere可以与After Effects、Photoshop等软件相互协作，制作更具有视觉冲击力的视频作品。

1. After Effects

After Effects简称AE，是由Adobe公司推出的一款非线性特效制作视频软件，如图1-2所示。该软件主要用于合成视频和制作视频特效，结合三维软件和Photoshop软件使用，可以制作精彩的视觉效果。

图 1-2

2. Photoshop

Photoshop是专业的图像处理软件，如图1-3所示。该软件主要处理由像素构成的数字图像。在应用时，用户可以直接将Photoshop软件制作的平面作品导入Premiere软件或After Effects软件中，可以更方便地通过平面作品制作动态效果。

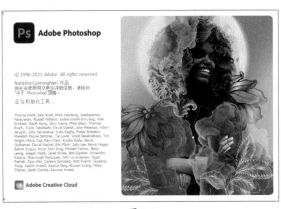

图 1-3

3. C4D

C4D全称为Cinema 4D，是影视后期的核心软件之一，主要用于制作三维动画。近几年C4D的技术非常成熟，应用也非常广泛，在演示动画、节目包装等领域应用广泛。在制作视频时，C4D可以和After Effects软件无缝衔接，从而应用至Premiere软件中。

4. 剪映

剪映是近几年兴起的移动端视频剪辑软件，在操作上更便捷、易上手，备受大家喜爱。与Premiere软件相比，剪映的使用场景更自由，创作者可以随时随地使用手机进行剪辑。但在处理大量素材时，剪映不能非常精细地处理视频素材，在专业程度上，也有所不及。

Pr 1.2 Premiere格式化设置

Premiere的工作界面由多个活动面板组成，用户可以根据需要自定义工作界面的组成面板，也可以对各面板大小进行调整，下面进行详细介绍。

▌1.2.1 自定义工作区

除了Premiere软件中预设的工作区外，用户还可以根据自身使用习惯，自行调整软件工作界面，以便更好地进行操作。

1. 打开或关闭面板

使用Premiere处理素材时，若没有找到需要的面板，可以执行"窗口"命令，在弹出的菜单中执行子命令，即可打开相应的面板。图1-4所示为弹出的"窗口"菜单。

若想暂时关闭不需要的面板，可以移动光标至其名称上，右击，在弹出的快捷菜单中执行"关闭面板"命令，即可关闭该面板。图1-5所示为效果控件面板弹出的快捷菜单。要注意的是，不同面板弹出的快捷菜单也有所不同。

图 1-4

图 1-5

注意事项 在Premiere软件中，默认面板固定在相应的位置，若想关闭面板，也可以将其浮动显示，然后单击面板右上角的"关闭"按钮■将其关闭。

2. 浮动面板

用户可以选择将面板浮动显示，以便更好地移动与调整工作区。在Premiere软件中，可以通过以下3种方式浮动面板：

- 移动光标至要浮动的面板名称上，右击，在弹出的快捷菜单中执行"浮动面板"命令。
- 按住Ctrl键拖动面板离开当前位置。
- 将面板拖曳至Premiere软件窗口之外。

知识点拨

若想浮动面板组，可以移动光标至面板组名称行空白处，当光标变为■状时按住Ctrl键拖动或拖动至软件窗口之外即可。

浮动的面板可以重新停靠在一起。选中浮动的面板，拖动面板靠近其他面板、面板组或窗口的边缘，靠近的区域呈高亮显示，如图1-6所示。释放鼠标后，即可将该面板放置于当前位置，如图1-7所示。此时软件会自动调整所有组的大小以容纳新面板。

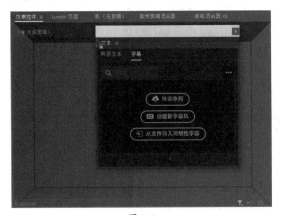

图 1-6

图 1-7

若将浮动面板拖动至面板或组的中央，或面板选项卡区域的延伸，面板将与其他面板堆叠，如图1-8、图1-9所示。

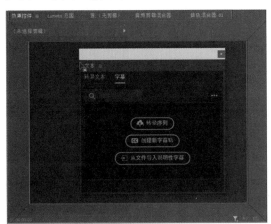

图 1-8

图 1-9

3. 调整面板尺寸

处理素材时，用户可以根据使用需要，即时调整各面板的大小，以便更便捷地进行操作。

移动光标至两个面板组之间时，光标变为 状，此时按照箭头方向拖动光标，即可调整相邻面板组的水平或垂直方向的尺寸，如图1-10所示。

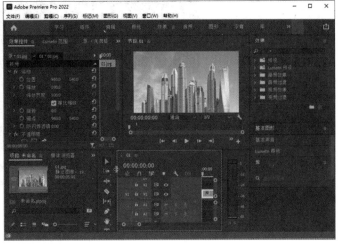

图 1-10

若想调整面板两个方向上的尺寸，可以将光标移至三个及以上面板组交叉的地方，此时光标变为╬状，按住鼠标拖动即可调整多个面板组的尺寸，如图1-11所示。

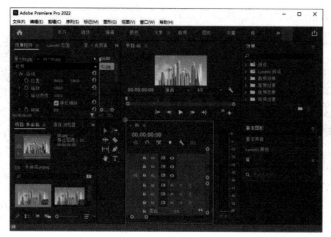

图 1-11

　　自定义完工作区后，用户可以选择保存自定义的工作区。执行"窗口"|"工作区"|"另存为新工作区"命令，打开"新建工作区"对话框，在该对话框中设置名称后单击"确定"按钮，即可保存自定义的工作区。

▌1.2.2　首选项设置

　　通过"首选项"对话框可以对软件的外观、常规选项、暂存盘等进行设置，方便用户更好地使用软件。执行"编辑"|"首选项"命令，在其子菜单中执行命令，即可打开"首选项"对话框中相应的选项卡，图1-12所示为"首选项"对话框中的"常规"选项卡。该对话框中部分选项卡的作用如下。

图 1-12

- **常规**：用于设置Premiere中的一些常规选项，如启动时显示内容、素材箱设置、项目设置等。

- **外观**：用于设置软件外观参数，包括界面亮度、交互控件亮度等。
- **自动保存**：用于设置自动保存的相关参数。
- **媒体**：用于设置媒体的相关参数。用户可以在该选项卡中设置时间码、帧数等。
- **媒体缓存**：用于设置媒体缓存文件。"媒体缓存"是Premiere存储加速器文件和合规音频的位置。Premiere清除旧的或不使用的媒体缓存文件，有助于保持最佳性能。每当源媒体需要缓存时，都会重新创建已删除的缓存文件。
- **内存**：用于设置保留用于其他应用程序和Premiere的RAM量。
- **时间轴**：用于设置音频、视频、静止图像等的默认持续时间及其他时间轴相关设置。

知识点拨

调整完首选项中的参数后，若想恢复默认设置，可在启动程序时按住Alt键，直至出现启动画面。

动手练 调整工作界面亮度

在Premiere软件中，用户可以选择适合的界面亮度，该操作主要通过"首选项"对话框实现，下面针对具体的操作步骤进行介绍。

Step 01 打开Premiere软件，新建项目，如图1-13所示。

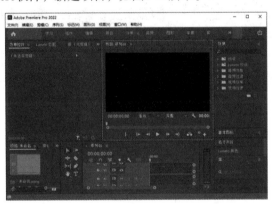

图 1-13

Step 02 执行"编辑"|"首选项"|"外观"命令，打开"首选项"对话框中的"外观"选项卡，如图1-14所示。

图 1-14

Step 03 单击"默认"按钮，调整界面亮度，如图1-15所示。

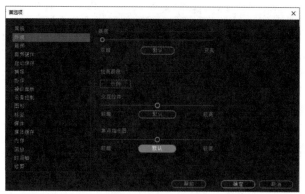

图 1-15

Step 04 单击"确定"按钮，应用设置，效果如图1-16所示。

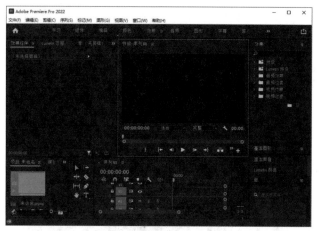

图 1-16

至此，完成工作界面亮度的调整操作。

注意事项 在本文中，为了便于阅读，将Premiere工作界面调整至最亮。用户在实际应用中可以根据自己喜好设置。

Pr 1.3 Premiere基础操作

在学习Premiere剪辑之前，首先需要对Premiere的基础操作有所了解，包括如何新建项目与序列、如何添加素材等，下面对此进行介绍。

1.3.1 文档的管理

使用Premiere软件剪辑素材的第一步就是创建项目，项目中存储着与序列和资源有关的信息，而序列可以保证输出视频的尺寸与质量，统一视频中用到的多个素材的尺寸。

1. 新建项目

在Premiere软件中，新建项目主要有3种方式：

- 打开Premiere软件后，在"主页"面板中单击"新建项目"按钮。
- 执行"文件"|"新建"|"项目"命令。
- 按Ctrl+Alt+N组合键。

通过以上3种方式，均可打开"新建项目"对话框，如图1-17所示。在该对话框中设置项目的名称、位置等参数后，单击"确定"按钮即可按照设置新建项目。

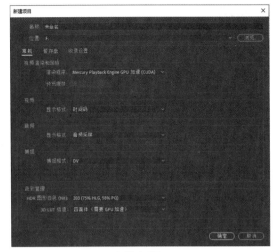

图 1-17

2. 新建序列

新建项目后，执行"文件"|"新建"|"序列"命令或按Ctrl+N组合键，打开"新建序列"对话框，如图1-18所示。在该对话框中设置参数，然后单击"确定"按钮即可新建序列。

在"序列预设"选项卡中，用户可以选择预设好的序列，选择时，要根据输出视频的要求选择或自定义合适的序列，若没有特殊要求，也可以根据主要素材的格式进行设置。若没有合适的序列预设，可以切换至"设置"选项卡中，自定义序列格式，如图1-19所示。

图 1-18

图 1-19

注意事项 创建项目后，用户也可以直接拖曳素材至"时间轴"面板中新建序列，新建的序列与该素材参数一致。

知识点拨

一个项目文件中可以包括多个序列，每个序列可以采用不同的设置。

3. 保存项目

在剪辑视频的过程中，要及时对项目文件进行保存，以避免误操作或软件故障导致文件丢失等问题。

执行"文件"|"保存"命令或按Ctrl+S组合键，即可以新建项目时设置的文件名称及位置保存文件。若想重新设置文件的名称、存储位置等参数，可以执行"文件"|"另存为"命令或按Ctrl+Shift+S组合键，打开"保存项目"对话框进行设置，如图1-20所示。

图 1-20

制作完项目文件后，若想关闭当前项目，可以执行"文件"|"关闭项目"命令或按Ctrl+Shift+W组合键。若要关闭所有项目文件，执行"文件"|"关闭所有项目"命令即可。

1.3.2　素材的导入

Premiere软件中，可以导入多种类型和文件格式的素材，如视频、音频、图像等。本节将针对导入的方式进行介绍。

1. 执行"导入"命令导入素材

执行"文件"|"导入"命令或按Ctrl+I组合键，打开"导入"对话框，如图1-21所示。在该对话框中选中要导入的素材，单击"打开"按钮，即可将选中的素材导入"项目"面板中。

图 1-21

用户也可以在"项目"面板空白处右击，在弹出的快捷菜单中执行"导入"命令，或在"项目"面板空白处双击，打开"导入"对话框，选择需要的素材导入。

2. 通过"媒体浏览器"面板导入素材

在"媒体浏览器"面板中右击要导入的素材文件，在弹出的快捷菜单中执行"导入"命令，即可将选中的素材导入"项目"面板中。图1-22所示为展开的"媒体浏览器"面板。

3. 直接拖入素材

直接将素材拖曳至"项目"面板或"时间轴"面板中，同样可以导入素材。

图 1-22

1.3.3 素材的新建

素材是使用Premiere软件编辑视频的基础。通过Premiere剪辑视频时，往往需要使用大量的素材。除了导入素材外，用户还可以在Premiere软件中新建素材。单击"项目"面板中的"新建项"按钮，在弹出的快捷菜单中执行命令，即可新建相应的素材。图1-23为"新建项"快捷菜单。

下面将对部分常用的新建素材进行介绍。

图 1-23

1. 调整图层

调整图层是一个透明的图层。在Premiere软件中，用户可以通过调整图层，将同一效果应用至时间轴上的多个序列上。调整图层会影响图层堆叠顺序中位于其下的所有图层。

2. 彩条

彩条可以正确反映各种彩色的亮度、色调和饱和度，帮助用户检验视频通道传输质量。新建的彩条具有音频信息，如不需要可以取消素材链接后将其删除。

3. 黑场视频

黑场视频效果可以帮助用户制作转场，使素材间的切换不那么突兀；也可以制作黑色背景。

4. 颜色遮罩

"颜色遮罩"命令可以创建纯色的颜色遮罩素材。创建颜色遮罩素材后，在"项目"面板中双击素材，可以在弹出的"拾色器"对话框中修改素材颜色。

5. 通用倒计时片头

"通用倒计时片头"命令可以制作常规的倒计时效果。

6. 透明视频

"透明视频"是类似"黑场视频""彩条"和"颜色遮罩"的合成剪辑。该视频可以生成自己的图像，并保留透明度的效果，如时间码效果或闪电效果。

注意事项 新建的素材将出现在"项目"面板中，将其拖曳至"时间轴"面板中即可应用。

动手练 通过调整图层调整图像

通过调整图层，可以在不改变下层素材源文件的情况下，改变下层素材的显示效果。下面将练习使用调整图层调整图像。

Step 01 新建项目和序列，执行"文件"|"导入"命令，打开"导入"对话框，在该对话框中选中本章素材文件"道路.jpg"和"风景.jpg"，单击"打开"按钮，将选中的素材导入"项目"面板中，如图1-24所示。

图 1-24

Step 02 选中"项目"面板中的素材文件，依次拖曳至"时间轴"面板中的V1轨道中，如图1-25所示。

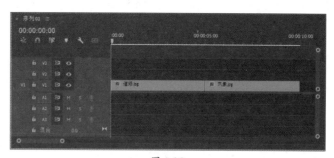

图 1-25

Step 03 单击"项目"面板中的"新建项"按钮，在弹出的快捷菜单中执行"调整图层"命令，打开"调整图层"对话框，设置参数，如图1-26所示。

Step 04 完成后单击"确定"按钮，创建调整图层，如图1-27所示。

图 1-26

图 1-27

Step 05 将"调整图层"拖曳至"时间轴"面板中的V2轨道中，右击，在弹出的快捷菜单中执行"速度/持续时间"命令，打开"剪辑速度/持续时间"对话框，设置持续时间为10s，如图1-28所示。

Step 06 完成后单击"确定"按钮，改变调整图层持续时间，如图1-29所示。

图 1-28

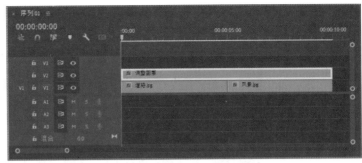

图 1-29

Step 07 在"效果"面板中搜索"RGB曲线"命令，拖曳至V2轨道中的调整图层上，选择调整图层，在"效果控件"面板中调整RGB曲线参数，如图1-30所示。

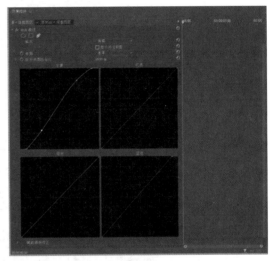

图 1-30

Step 08 此时，"节目监视器"面板中的效果如图1-31、图1-32所示。

图 1-31

图 1-32

至此，完成图像效果的调整。

1.3.4 素材的整理

当"项目"面板中存在过多素材时，为了更好地分辨与使用素材，可以对素材进行整理，如将其分组、重命名等。下面对此进行介绍。

1. 新建素材箱

素材箱可以归类整理素材文件，使素材更有序，也便于用户查找。

单击"项目"面板下方工具栏中的"新建素材箱"按钮■，即可在"项目"面板中新建素材箱，此时，素材箱名称处于可编辑状态，用户可以设置素材箱名称后按Enter键，如图1-33所示。

图 1-33

素材箱创建后，选择"项目"面板中的素材，拖曳至素材箱中即可归类素材文件。双击素材箱可以打开"素材箱"面板查看素材，如图1-34所示。

图 1-34

知识点拨

将素材文件拖曳至"新建素材箱"按钮■上， 或在"项目"面板中右击，在弹出的快捷菜单中执行"新建素材箱"命令，同样可以新建素材箱。

若想删除素材箱，选中后按Delete键，或单击"项目"面板下方工具栏中的"清除（回格键）"按钮■即可。素材箱删除后，其中的素材文件也会被删除。

2. 重命名素材

重命名素材可以更精确地识别素材，方便用户使用。用户可以重命名"项目"面板中的素材，也可以重命名"时间轴"面板中的素材。

（1）重命名"项目"面板中的素材

选中"项目"面板中要重新命名的素材，执行"剪辑"|"重命名"命令，或单击素材名称，输入新的名称即可，如图1-35、图1-36所示。

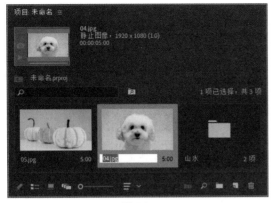

图 1-35

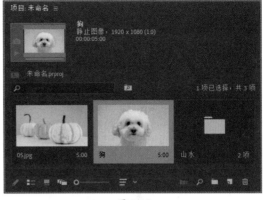

图 1-36

选中素材后，按Enter键或右击，在弹出的快捷菜单中执行"重命名"命令，也可使选中素材名称变为可编辑状态。

注意事项 素材导入"时间轴"面板后，在"项目"面板中修改素材名称，"时间轴"面板中的素材名称不会随之变化。

（2）重命名"时间轴"面板中的素材

若想在"时间轴"面板中修改素材名称，可以选中素材后执行"剪辑"|"重命名"命令，或右击，在弹出的快捷菜单中执行"重命名"命令，打开"重命名剪辑"对话框设置剪辑名称，如图1-37所示。完成后单击"确定"按钮即可。

图 1-37

3. 替换素材

"替换素材"命令可以在替换素材的同时保留添加的效果，从而减少重复工作。

选择"项目"面板中要替换的素材对象，右击，在弹出的快捷菜单中执行"替换素材"命令，打开替换素材对话框，如图1-38所示。在该对话框中选择新的素材文件，单击"选择"按钮即可。

图 1-38

图1-39、图1-40为替换前后的效果。

15

图 1-39

图 1-40

4. 失效和启用素材

使素材文件暂时失效可以加速Premiere软件中的操作和预览。

在"时间轴"面板中选中素材文件，右击，在弹出的快捷菜单中取消执行"启用"命令，即可失效素材，此时失效素材的画面效果变为黑色，如图1-41所示。若想再次启用失效素材，可以使用相同的操作执行"启用"命令，即可重新显示素材画面，如图1-42所示。

图 1-41

图 1-42

知识点拨

失效素材在"时间轴"面板中的颜色会变为深紫色，如图1-43所示。

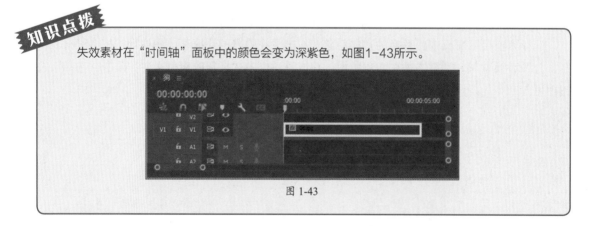
图 1-43

5. 编组素材

用户可以将"时间轴"面板中的素材编组，以便对多个素材执行相同的操作。

在"时间轴"面板中选中要编组的多个素材文件，右击，在弹出的快捷菜单中执行"编组"命令，即可将素材文件编组，编组后的文件可以同时选中、移动、添加效果等，如图1-44、图1-45所示。

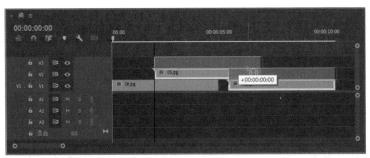

图 1-44

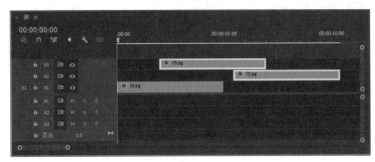

图 1-45

若想取消编组，可以选中编组素材后右击，在弹出的快捷菜单中执行"取消编组"命令。取消素材编组不会影响已添加的效果。

知识点拨

为编组素材添加视频效果后，选中编组素材，无法在"效果控件"面板中对视频效果进行设置，用户可以按住Alt键在"时间轴"面板中选中单个素材，再在"效果控件"面板中进行设置。

6. 嵌套素材

"编组"命令和"嵌套"命令都可以同时操作多个素材。不同的是，编组素材是可逆的，编组只是将其组合为一个整体进行操作；而嵌套素材是将多个素材或单个素材合成一个序列来进行操作，该操作是不可逆的。

在"时间轴"面板中选中要嵌套的素材文件，右击，在弹出的快捷菜单中执行"嵌套"命令，打开"嵌套序列名称"对话框，设置名称，完成后单击"确定"按钮，即可嵌套素材，如图1-46所示。

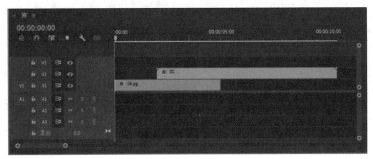

图 1-46

嵌套序列在"时间轴"面板中呈绿色显示。用户可以双击嵌套序列进入其内部进行调整，如图1-47所示。

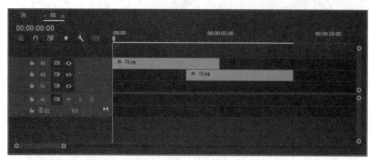

图 1-47

7. 链接媒体

Premiere软件中用到的素材都以链接的形式存放在"项目"面板中，当移动素材位置或删除素材时，可能会导致项目文件中的素材缺失，而"链接媒体"命令可以重新链接丢失的素材，使其正常显示。

在"项目"面板中选中脱机素材，右击，在弹出的快捷菜单中执行"链接媒体"命令，打开"链接媒体"对话框，如图1-48所示。在该对话框中单击"查找"按钮，打开"查找文件"对话框，如图1-49所示。选中要链接的素材对象，单击"确定"按钮，即可重新连接媒体素材。

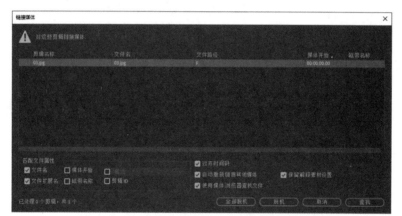

图 1-48

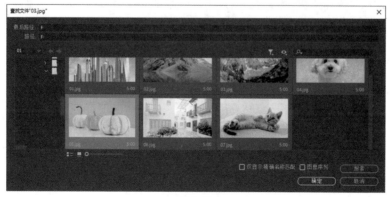

图 1-49

8. 打包素材

打包素材可以将当前项目中使用的素材打包存储，方便文件移动后的再次操作。

使用Premiere软件制作完成视频后，执行"文件"|"项目管理"命令，打开"项目管理器"对话框，如图1-50所示。在该对话框中设置参数后单击"确定"按钮即可打包素材。该对话框中部分选项作用如下。

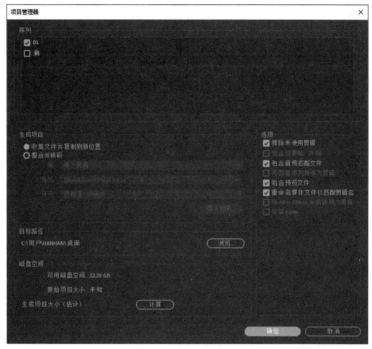

图 1-50

- **序列**：用于选择要打包素材的序列。若要选择的序列包含嵌套序列，需要同时选中嵌套序列。
- **收集文件并复制到新位置**：选择该选项，可以将用于所选序列的素材收集和复制到单个存储位置。
- **整合并转码**：选择该选项，可以整合在所选序列中使用的素材并转码到单个编解码器以供存档。
- **排除未使用剪辑**：选择该复选框，将不包含或复制未在原始项目中使用的媒体。
- **将图像序列转换为剪辑**：选择该复选框，可以指定项目管理器将静止图像文件的序列转换为单个视频剪辑。选择该选项通常可提高播放性能。
- **重命名媒体文件以匹配剪辑名**：选择该复选框，可以使用所捕捉剪辑的名称来重命名复制的素材文件。
- **将After Effects合成转换为剪辑**：选择该复选框，可以将项目中的任何 After Effects 合成转换为拼合视频剪辑。
- **目标路径**：用于设置保存文件的位置。
- **磁盘空间**：用于显示当前项目文件大小和复制文件或整合文件估计大小之间的对比。单击"计算"按钮可更新估算值。

Q&A 新手答疑

1. Q：在影视后期制作中常用的软件有哪些？他们的作用是什么？

A： 在影视后期制作的过程中，用户需要根据制作需求选择软件。常见的软件包括Premiere、After Effects、Audition、C4D等。其中，Premiere软件主要用于对素材进行剪辑；After Effects在制作特效上有着其他软件不可比拟的优势；Audition是一款专业的音频处理软件，主要用于处理音频素材；C4D全称为Cinema 4D，常用于三维动画制作及渲染。除了以上软件外，Photoshop、3ds Max、Flash等软件也需要了解和学习。在进行影视后期制作时，用户可以选择多种不同的软件搭配使用，以达到效率的最大化。

2. Q：在 Premiere 软件中，如何导入 Photoshop 软件中带有图层的文件？

A： 按照Premiere软件常规导入素材的方式即可。执行"文件"|"导入"命令，或按Ctrl+I组合键，打开"导入"对话框，选择要导入的PSD文件，在弹出的"导入分层文件"对话框中选择要导入的图层，完成后单击"确定"按钮，即可将选中的图层以"素材箱"的形式导入"项目"面板中。

3. Q：为什么使用 Premiere 软件剪辑素材并保存后，发送到其他电脑上就会出现素材缺失的情况？

A： Premiere软件中的素材是以链接的形式放置在"项目"面板中，所以用户可以看到大部分Premiere软件保存的文档很小。若想将其发送至其他电脑上，用户可以打包所用到的素材一并发送，也可以通过"项目管理器"对话框打包素材文件发送，以免有所疏漏。

4. Q：Premiere 软件中各轨道之间的关系？

A： 在Premiere软件中，用户可以将素材拖曳至"时间轴"面板中的轨道中，即可在"节目监视器"面板中预览效果。其中V轨道素材用于放置图像、视频等可见素材，默认有3条，V1轨道在最下方，上层轨道内容可遮挡下层轨道内容，类似于Photoshop软件中的图层；A轨道则用于放置音频音效等素材。

5. Q：影视后期制作的基本流程是什么？

A： 一般来说，影视后期制作包括以下6个步骤：

- **粗剪：** 对素材进行粗略的编排，以构建影片的框架。
- **精剪：** 根据影片内容进行精细的修剪。
- **调色：** 奠定整部影片的基调。
- **特效：** 制作极具视觉冲击力的部分。
- **音频：** 处理音频部分以配合影片内容。
- **合成：** 调整最终效果，渲染输出完整的影片。

第2章
视频剪辑基本操作

在影视后期制作的过程中，剪辑是非常重要的一个步骤。通过剪辑素材，用户可以确定整个视频的脉络梗概，对视频的方向有所把握。本章将结合剪辑工具与剪辑素材的一些操作，介绍如何剪辑视频。

Pr 2.1 剪辑工具的应用

素材的处理是影视后期制作中一个非常重要的过程，用户可以通过剪辑将素材进行融合，制作出创意视频效果。Premiere软件包括多种用于剪辑的工具，用户可以在"工具"面板中找到这些工具，如图2-1所示。下面将针对这些剪辑工具进行介绍。

图 2-1

2.1.1 选择工具

"选择工具"▶可以在"时间轴"面板的轨道中选中素材并进行调整。按住Alt键可以单独选中链接素材的音频或视频部分，如图2-2所示。

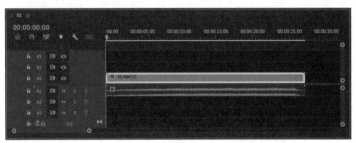

图 2-2

若想选中多个不连续的素材，可以按住Shift键的同时单击要选中的素材；若想选中多个连续的素材，可以选中"选择工具"▶后按住鼠标左键拖动，框选要选中的素材。

按住Shift键再次单击选中的素材，可取消选择。

2.1.2 选择轨道工具

选择轨道工具包括"向前选择轨道工具"▶和"向后选择轨道工具"◀。该类型工具可以选择当前位置箭头方向一侧的所有素材，图2-3所示为使用"向前选择轨道工具"▶选择的效果。

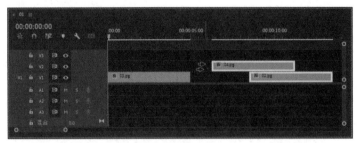

图 2-3

2.1.3 波纹编辑工具

"波纹编辑工具"◀▶可以改变"时间轴"面板中素材的出点或入点，且保持相邻素材间不出现间隙。

选择"波纹编辑工具"◀▶，移动至两个相邻素材之间，当光标变为▶状或◀状时，按住鼠标左键并拖动，即可修改素材的出点或入点位置，调整后相邻的素材会自动补位上前，如图2-4、图2-5所示。

图 2-4

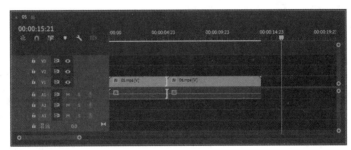

图 2-5

2.1.4 滚动编辑工具

"滚动编辑工具" ⊞可以改变一个剪辑的入点和与之相邻剪辑的出点，且保持影片总长度不变。

选择"滚动编辑工具" ⊞，移动至两个素材片段之间，当光标变为 ⊞状时，按住鼠标左键并拖动，即可调整相邻素材的长度，图2-6所示为向右拖动效果。

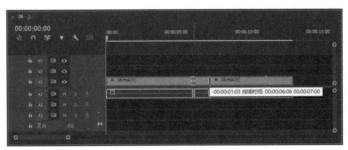

图 2-6

注意事项 向右拖动时，前一段素材出点后需有余量以供调节；向左拖动时，后一段素材入点前需有余量以供调节。

2.1.5 比率拉伸工具

"比率拉伸工具" ⊡可以改变素材的速度和持续时间，但保持素材的出点和入点不变。

选择"比率拉伸工具" ⊡，移动光标至"时间轴"面板中某段素材的开始或结尾处，当光标变为 ⊡状时，按住鼠标左键并拖动，即可改变素材片段长度，如图2-7所示。

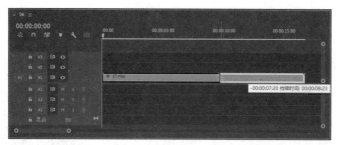

图 2-7

知识点拨

使用"比率拉伸工具" 缩短素材片段长度时，素材播放速度加快；延长素材片段长度时，素材播放速度变慢。

图 2-8

在Premiere软件中，除了使用"比率拉伸工具" 改变素材的速度和持续时间外，用户还可以通过"剪辑速度/持续时间"对话框更精准地设置素材的速度和持续时间。在"时间轴"面板中选中要调整速度的素材片段，右击，在弹出的快捷菜单中执行"速度/持续时间"命令，打开"剪辑速度/持续时间"对话框，如图2-8所示。在该对话框中设置参数后单击"确定"按钮，即可应用设置。"剪辑速度/持续时间"对话框中各选项作用如下。

- **速度：**用于调整素材片段播放速度。大于100%为加速播放，小于100%为减速播放，等于100%为正常速度播放。
- **持续时间：**用于设置素材片段的持续时间。
- **倒放速度：**选择该复选框后，素材将反向播放。
- **保持音频音调：**当改变音频素材的持续时间时，选择该复选框可保证音频音调不变。
- **波纹编辑，移动尾部剪辑：**选择该复选框后，片段加速导致的缝隙将被自动填补。
- **时间插值：**用于设置调整素材速度后如何填补空缺帧，包括帧采样、帧混合和光流法三种选项。其中，帧采样可根据需要重复或删除帧，以达到所需的速度；帧混合可根据需要重复帧并混合帧，以辅助提升动作的流畅度；光流法是软件分析上下帧生成新的帧，在效果上更流畅美观。

注意事项 用户也可以在"项目"面板中调整素材的速度和持续时间。选中素材并右击，在弹出的快捷菜单中执行"速度/持续时间"命令，打开"剪辑速度/持续时间"对话框进行设置即可。在"项目"面板中调整素材的速度和持续时间不影响"时间轴"面板中已添加的素材。

2.1.6 剃刀工具

"剃刀工具" 可以将一个素材片段剪切为两个或多个素材片段，从而方便用户分别进行编辑。

选择"剃刀工具" ，在"时间轴"面板中单击要剪切的素材，即可在单击位置将素材剪切为两段，如图2-9、图2-10所示。

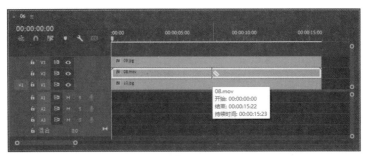

图 2-9

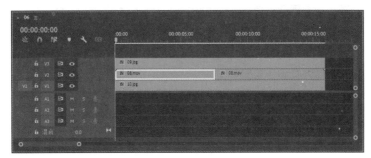

图 2-10

　　若想在当前位置剪切多个轨道中的素材，可以按住Shift键单击，即可剪切当前位置所有轨道中的素材，如图2-11、图2-12所示。

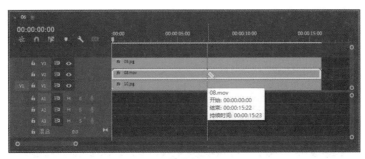

图 2-11

图 2-12

　　在"时间轴"面板中单击"对齐"按钮，当"剃刀工具" 靠近时间标记 或其他素材的入点、出点时，剪切点会自动移动至时间标记或入点、出点所在处，并从该处剪切素材。

在视频片头部分或者回忆部分，常常可以看到一些闪屏效果的片段。通过添加闪屏特效，可以使视频更炫酷，增加视频的吸引力。下面将结合"剃刀工具" 等工具的应用，介绍闪屏效果的制作方法。

Step 01 新建项目，在"项目"面板空白处双击打开"导入"对话框，选择本章素材文件"跳舞.mp4"和"散步.mp4"，单击"打开"按钮，导入素材。选择"跳舞.mp4"素材，将其拖曳至"时间轴"面板中，软件将自动以该素材的格式创建序列，如图2-13所示。

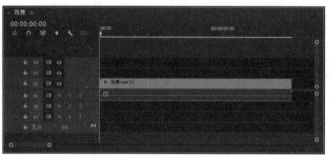

图 2-13

Step 02 在"时间轴"面板中选中"跳舞"素材后右击，在弹出的快捷菜单中执行"取消链接"命令，取消音视频链接，并删除音频素材，如图2-14所示。

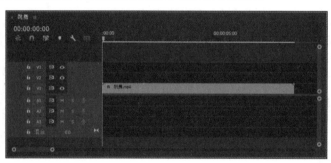

图 2-14

Step 03 在"项目"面板中选择"散步.mp4"素材，拖曳至"时间轴"面板中的V2轨道，取消音视频链接，删除音频素材，如图2-15所示。

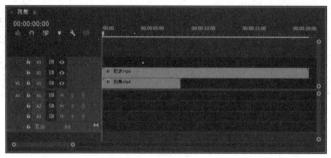

图 2-15

Step 04 移动时间线至00:00:04:00处，选择"工具"面板中的"剃刀工具" ，在"时间轴"面板的V2轨道素材时间线所在处单击，将素材剪切为两段。移动时间线至00:00:05:10处，使用"剃刀工具" 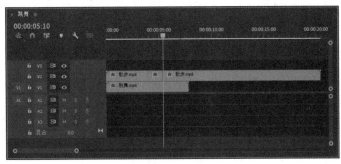再次在V2轨道素材时间线所在处单击，将素材剪切为两段，如图2-16所示。选择第1段和第3段素材，按Delete键删除，如图2-17所示。

图 2-16

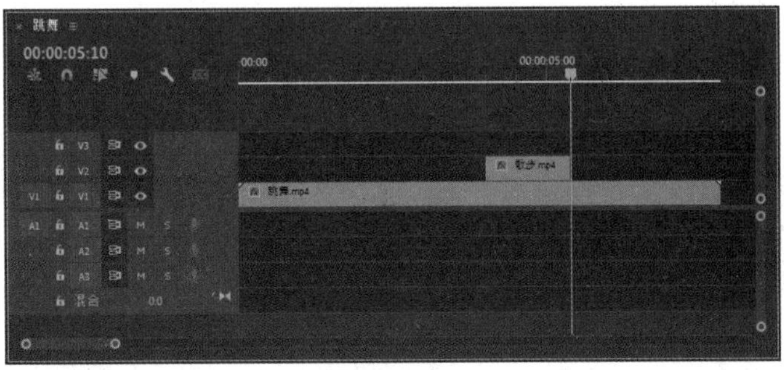

图 2-17

Step 05 移动时间线至00:00:04:00处，按键盘上的方向键→向右移动一帧，使用"剃刀工具" 在V2轨道素材时间线所在处单击，将其裁切为两段，如图2-18所示。

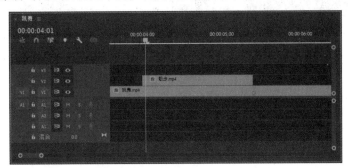

图 2-18

Step 06 重复操作，直至V2轨道素材的最后一帧，如图2-19所示。

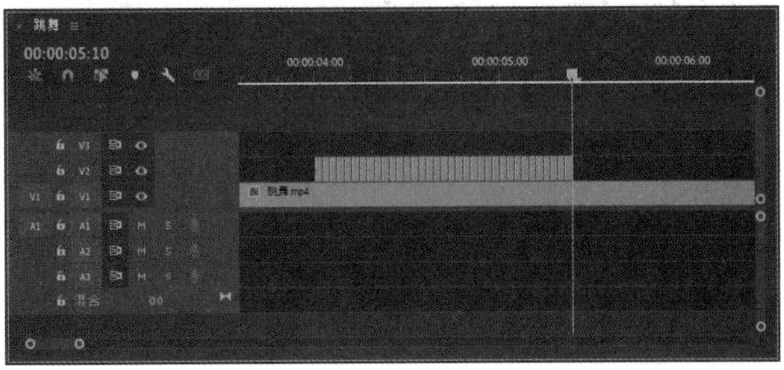

图 2-19

Step 07 选择第2个、第4个、……、第34个剪切后的片段，按Delete键删除，如图2-20所示。

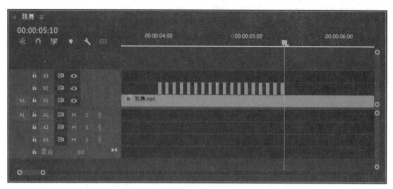

图 2-20

至此，闪屏效果制作完成。移动时间线至初始位置，按空格键播放，即可观看效果，如图2-21所示。

图 2-21

注意事项 在制作闪屏效果时，用户可以设置上层轨道素材较短的持续时间，以免闪屏过多，影响观看体验。

知识点拨

除了使用剪切素材的方式制作闪屏效果外，用户还可以通过添加"闪光灯"视频效果制作闪屏效果。

2.1.7　内滑工具

"内滑工具" 可以将"时间轴"面板中的某个素材片段向左或向右移动，同时改变其相邻片段的出点和后一相邻片段的入点，三个素材片段的总持续时间及在"时间轴"面板中的位置保持不变。

选择"内滑工具" ，移动光标至要移动的素材片段上，当光标变为 状时，按住鼠标左键拖动即可，如图2-22所示。

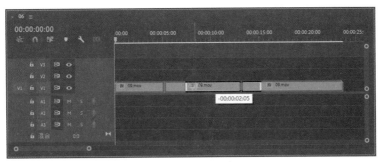

图 2-22

注意事项 使用"内滑工具" 时，前一段素材片段的出点后和后一段素材片段的入点前需有预留出的余量供调节使用。

2.1.8　外滑工具

"外滑工具" 可以同时更改"时间轴"面板中某个素材片段的入点和出点，并保持片段长度不变，相邻片段的出点、入点及长度也不变。

选择"外滑工具"，移动光标至素材片段上，当光标变为 状时，按住鼠标左键并拖动即可，如图2-23所示。用户可以在"节目监视器"面板中查看前一片段的出点、后一片段的入点及画面帧数等信息，如图2-24所示。

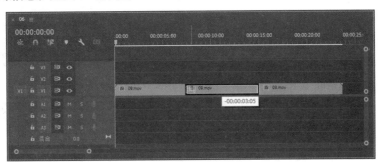

图 2-23

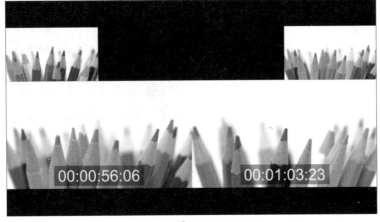

图 2-24

注意事项 使用"外滑工具" 时，入点前和出点后需有预留的余量供调节使用。

除了使用工具剪辑素材外，用户还可以在监视器面板或"时间轴"面板中对素材进行调整，以得到需要的素材片段。下面对此进行介绍。

2.2.1 在监视器面板中编辑素材

Premiere软件中包括两种监视器面板："源监视器"面板和"节目监视器"面板。其中，"源监视器"面板可播放各素材片段，对"项目"面板中的素材进行设置；"节目监视器"面板可播放"时间轴"面板中的素材，对最终的输出视频效果进行预览。

1. 节目监视器

"节目监视器"面板可以预览"时间轴"面板中素材播放的效果，方便用户进行检查和修改。图2-25所示为"节目监视器"面板。该面板中部分选项作用如下。

图 2-25

- **选择缩放级别** 适合 ：用于选择合适的缩放级别，放大或缩小视图，以适用监视器的可用查看区域。
- **设置** ：单击该按钮，可在弹出的快捷菜单中执行命令设置分辨率、参考线等。
- **添加标记** ：单击该按钮，将在当前位置添加一个标记，如图2-26所示。标记可以提供简单的视觉参考。用户也可以按M键添加标记。
- **标记入点** ：用于定义编辑素材的起始位置。
- **标记出点** ：用于定义编辑素材的结束位置。
- **转到入点** ：将时间线快速移动至入点处。
- **后退一帧（左侧）** ：用于将时间线向左移动一帧。

图 2-26

- **播放-停止切换** ：用于播放或停止播放。
- **前进一帧（右侧）** ：用于将时间线向右移动一帧。
- **转到出点** ：将时间线快速移动至出点处。
- **提升** ：单击该按钮，将删除目标轨道（蓝色高亮轨道）中出点、入点之间的素材片段，对前、后素材以及其他轨道上的素材位置不产生影响，如图2-27、图2-28所示。

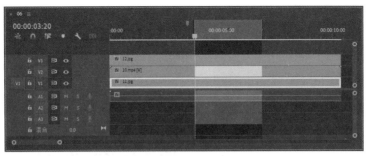

图 2-27

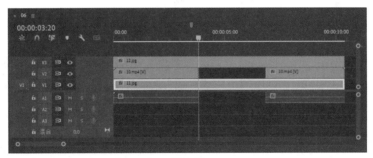

图 2-28

● **提取** ▣：单击该按钮，将删除时间轴中位于出点、入点之间的所有轨道中的片段，并将后方素材前移，如图2-29、图2-30所示。

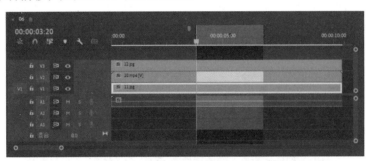

图 2-29

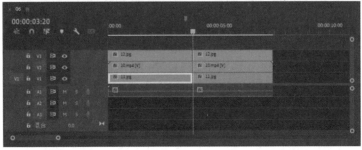

图 2-30

● **导出帧** ▣：用于将当前帧导出为静态图像。单击该按钮将打开"导出帧"对话框，如图2-31所示。在该对话框中选择"导入到项目中"复选框，可将图像导入至"项目"面板中。

● **按钮编辑器** ▣：单击该按钮，可以打开"按钮编辑器"，自定义"节目监视器"面板中的按钮，如图2-32所示。

图 2-31 | 图 2-32

2. 源监视器

"源监视器"面板和"节目监视器"面板非常相似，只是在功能上有所不同。在"项目"面板中双击要编辑的素材，即可在"源监视器"面板中打开该素材，如图2-33所示。该面板中部分选项作用如下。

图 2-33

- **仅拖动视频**：按住该按钮拖曳至"时间轴"面板中的轨道中，可以仅将调整的素材片段的视频部分放置在"时间轴"面板中。

- **仅拖动音频**：按住该按钮拖曳至"时间轴"面板中的轨道中，可以仅将调整的素材片段的音频部分放置在"时间轴"面板中。

- **插入**：单击该按钮，当前选中的素材将插入至时间标记后原素材中间，如图2-34所示。

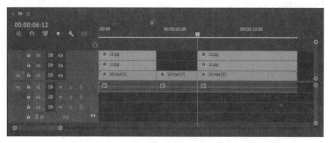

图 2-34

- **覆盖**：单击该按钮，插入的素材将覆盖时间标记后原有的素材，如图2-35所示。

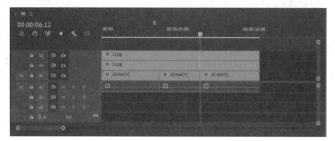

图 2-35

- **按钮编辑器**：单击该按钮，可以打开"按钮编辑器"，自定义"源监视器"面板中的按钮，如图2-36所示。

图 2-36

2.2.2 在时间轴面板中编辑素材

在"时间轴"面板中，选中要编辑的素材后右击，在弹出的快捷菜单中可以执行相应的命令调整素材，如图2-37所示。下面将对此进行介绍。

1. 帧定格

帧定格可以将素材片段中的某帧静止，该帧之后的帧均以静帧的方式显示。在Premiere软件中，用户可以执行"添加帧定格"命令或"插入帧定格分段"命令使帧定格。

（1）添加帧定格

"添加帧定格"命令可以冻结当前帧，类似于将其作为静止图像导入。在"时间轴"面板中选中要添加帧定格的素材片段，移动时间

图 2-37

线至要冻结的帧，右击，在弹出的快捷菜单中执行"添加帧定格"命令，即可将之后的内容定格，如图2-38所示。帧定格部分在名称或颜色上没有任何变化。

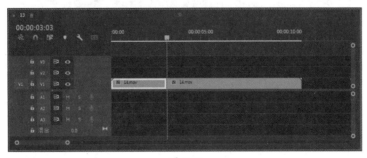

图 2-38

用户也可以选择素材片段后，执行"剪辑"|"视频选项"|"添加帧定格"命令，将当前帧及之后的帧冻结。

（2）插入帧定格分段

"插入帧定格分段"命令可以在当前时间线位置将素材片段拆分，并插入一个2s的冻结帧。在"时间轴"面板中选中要添加帧定格的素材片段，移动时间线至插入帧定格分段的帧，右击，在弹出的快捷菜单中执行"插入帧定格分段"命令，即可插入2s的冻结帧，如图2-39所示。

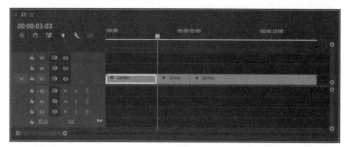

图 2-39

同样地，用户也可以选择素材片段后，执行"剪辑"|"视频选项"|"插入帧定格分段"命令，插入冻结帧。

2. 复制/粘贴素材

在"时间轴"面板中，若想复制现有的素材，可以通过快捷键或相应的命令实现。选中要复制的素材，按Ctrl+C组合键复制，移动时间线至要粘贴的位置，按Ctrl+V组合键粘贴即可。此时，时间线后面的素材将被覆盖，如图2-40、图2-41所示。

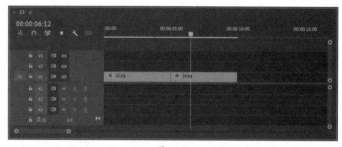

图 2-40

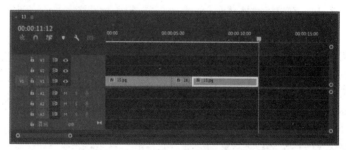

图 2-41

用户也可以按Ctrl+Shift+V组合键粘贴插入，此时时间线所在处的素材被剪切为2段，时间线后面的素材向后移动，如图2-42所示。

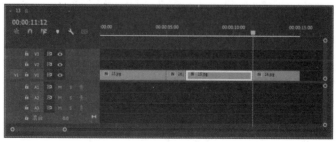

图 2-42

执行"编辑"命令，在其子菜单中执行命令，也可以复制、粘贴素材。

3. 删除素材

在"时间轴"面板中，用户可以通过执行"清除"命令或"波纹删除"命令删除素材。这两种方法的不同之处在于："清除"命令删除素材后，轨道中会留下该素材的空位；而"波纹删除"命令删除素材后，后面的素材会自动向前补位。

（1）"清除"命令

选中要删除的素材文件，执行"编辑"|"清除"命令，或按Delete键，即可删除素材，如图2-43所示。

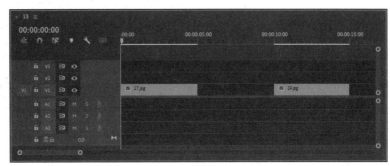

图 2-43

（2）"波纹删除"命令

选中要删除的素材文件，执行"编辑"|"波纹删除"命令，或按Shift+Delete组合键，即可删除素材并使后一段素材自动前移，如图2-44所示。

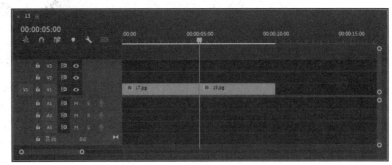

图 2-44

4. 分离/链接音视频素材

在"时间轴"面板中编辑素材时，部分素材带有音频信息，若想单独对音频信息或视频信息进行编辑，可以选择将其分离。分离后的音视频素材可以重新链接。

选中要解除链接的音视频素材，右击，在弹出的快捷菜单中执行"取消链接"命令，即可将其分离，分离后可单独选择，如图2-45所示。

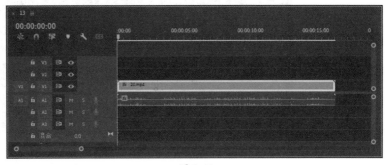

图 2-45

若想重新链接音视频素材，选中后右击，在弹出的快捷菜单中执行"链接"命令即可。

在展示照片时，常用到的一种方法就是定格拍照效果。通过制作拍照效果，给观众带来沉浸式的体验。下面将结合帧定格等知识，介绍拍照效果的制作方法。

Step 01 新建项目和序列，并导入本章素材文件"冰球.mp4"和"快门.wav"，如图2-46所示。

图 2-46

Step 02 选择"冰球.mp4"素材，将其拖曳至"时间轴"面板中的V1轨道中，在弹出的"剪辑不匹配警告"对话框中单击"保持现有设置"按钮，效果如图2-47所示。

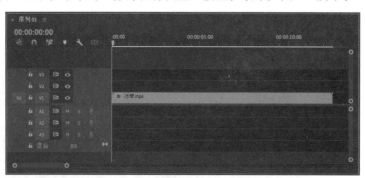

图 2-47

Step 03 移动时间线至00:00:04:24处，使用"剃刀工具" 在时间线处单击，剪切素材，并删除右半部分，效果如图2-48所示。

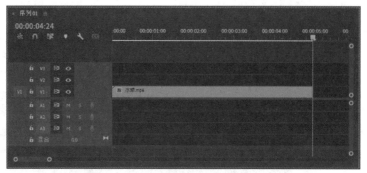

图 2-48

Step 04 选择"时间轴"面板中的素材，右击，在弹出的快捷菜单中执行"缩放为帧大小"命令，调整素材视频帧大小，效果如图2-49所示。

图 2-49

Step 05 在"时间轴"面板中移动时间线至00:00:02:02处，右击，在弹出的快捷菜单中执行"添加帧定格"命令，将当前帧作为静止图像导入，如图2-50所示。

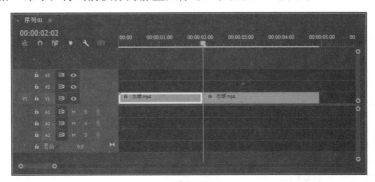

图 2-50

Step 06 选中V1轨道中的第2段素材，按住Alt键向上拖曳，复制该素材，如2-51所示。

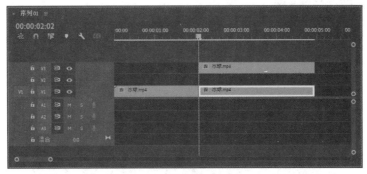

图 2-51

Step 07 在"效果"面板中搜索"高斯模糊"视频效果，将其拖曳至V1轨道第2段素材上，在"效果控件"面板中设置"模糊度"为60，并选择"重复边缘像素"复选框，如图2-52所示。隐藏V3轨道素材，在"节目监视器"面板中预览效果如图2-53所示。

图 2-52

图 2-53

Step 08 打开"基本图形"面板，在"编辑"选项卡中单击"新建图层"按钮，在弹出的快捷菜单中执行"矩形"命令，新建矩形图层，在"基本图形"面板中设置矩形参数，如图2-54所示。在"节目监视器"面板中设置缩放级别为25%，调整矩形大小，如图2-55所示。

图 2-54

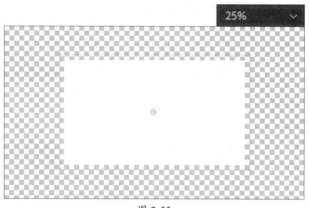

图 2-55

Step 09 在"节目监视器"面板中设置缩放级别为适合，在"时间轴"面板中使用"选择工具"在V2轨道素材末端拖曳，调整其持续时间，如图2-56所示。

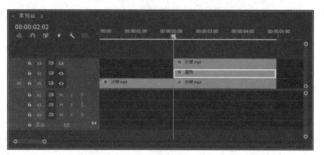

图 2-56

Step 10 选中V2轨道素材，移动时间线至00:00:02:02处，在"效果控件"面板中单击"缩放"参数和"旋转"参数左侧的"切换动画"按钮，添加关键帧，移动时间线至00:00:02:15

处，调整"缩放"参数和"旋转"参数，软件将自动添加关键帧，如图2-57所示。此时，"节目监视器"面板中的效果如图2-58所示。

图 2-57

图 2-58

Step 11 显示V3轨道素材并选中，移动时间线至00:00:02:02处，在"效果控件"面板中单击"缩放"参数和"旋转"参数左侧的"切换动画" ⑤按钮，添加关键帧，移动时间线至00:00:02:15处，调整"缩放"参数和"旋转"参数，软件将自动添加关键帧，如图2-59所示。此时，"节目监视器"面板中效果如图2-60所示。

图 2-59

图 2-60

Step 12 移动时间线至00:00:02:02处，将"快门.wav"素材拖曳至A1轨道中，如图2-61所示。

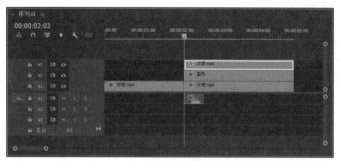

图 2-61

至此，拍照效果制作完成。移动时间线至初始位置，按空格键播放即可观看效果，如图2-62所示。

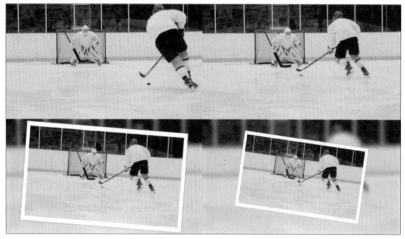

图 2-62

案例实战：制作倒放视频

在观看综艺节目时，常常可以看到倒放视频的效果，以返回剧情点，帮助观众理清剧情。下面将综合视频剪辑的相关知识，介绍倒放视频的制作效果。

Step 01 新建项目和序列，并导入本章素材文件"切.mp4""故障.mp4""录制.mp4"和"伴奏.wav"，如图2-63所示。

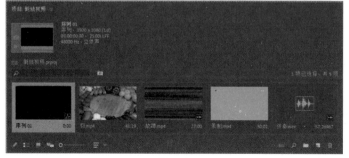

图 2-63

Step 02 选择"切.mp4"素材，将其拖曳至"时间轴"面板中的V1轨道中，在弹出的"剪辑不匹配警告"对话框中单击"保持现有设置"按钮。选择"伴奏.wav"素材，将其拖曳至"时间轴"面板中的A1轨道中，效果如图2-64所示。

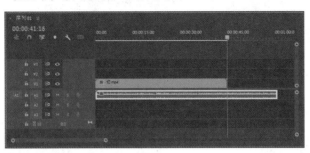

图 2-64

Step 03 右击，在弹出的快捷菜单中执行"速度/持续时间"命令，打开"剪辑速度/持续时间"对话框，设置音频素材的持续时间为00:00:41:16，并选择"保持音频音调"复选框，单击"确定"按钮，设置音频素材持续时间与V1轨道素材一致，如图2-65所示。

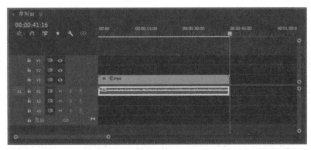

图 2-65

Step 04 选中V1轨道中的素材，按Alt键向后拖曳复制，右击，在弹出的快捷菜单中执行"速度/持续时间"命令，打开"剪辑速度/持续时间"对话框，设置V1轨道中复制素材的持续时间为00:00:10:00，并选择"倒放速度"复选框，完成后单击"确定"按钮，效果如图2-66所示。

图 2-66

Step 05 在"效果"面板中搜索"波形变形"视频效果，拖曳至V1轨道中第2段素材上，在"效果控件"面板中设置波形类型为"杂色"，方向为"0°"，如图2-67所示。设置完成后，在"节目监视器"面板中的预览效果如图2-68所示。

图 2-67

图 2-68

Step 06 移动时间线至V1轨道第1段素材末端，选择"故障.mp4"素材，拖曳至V2轨道中，右击，在弹出的快捷菜单中执行"速度/持续时间"命令，打开"剪辑速度/持续时间"对话框，设置V2轨道中复制素材的持续时间为00:00:10:00，完成后单击"确定"按钮，效果如图2-69所示。

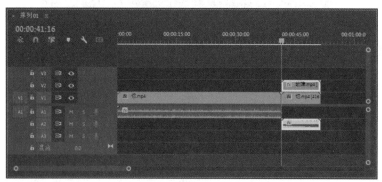

图 2-69

Step 07 选择V2轨道素材，在"效果控件"面板中设置其混合模式为"滤色"，音量级别为-6dB，如图2-70所示。在"节目监视器"面板中的预览效果如图2-71所示。

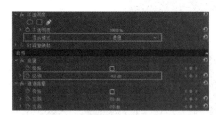

图 2-70

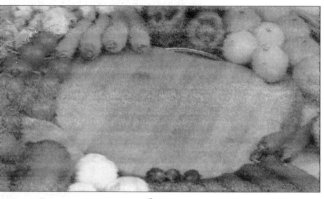

图 2-71

Step 08 移动时间线至V1轨道第1段素材末端，选择"录制.mp4"素材，拖曳至V3轨道中，使用"比率拉伸工具" ▦ 拉伸V3轨道素材，使其持续时间与V2轨道素材一致，如图2-72所示。

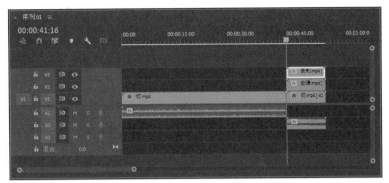

图 2-72

Step 09 在"效果"面板中搜索"超级键"视频效果，拖曳至V3轨道素材上，在"效果控件"面板中设置主要颜色为"#01D801"，在"节目监视器"面板中的预览效果如图2-73所示。

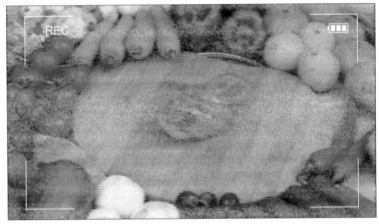

图 2-73

至此，倒放效果制作完成。移动时间线至初始位置，按空格键播放即可观看效果，如图2-74所示。

图 2-74

1. Q：剪辑素材的作用是什么？

A： 在制作影片时，往往会使用到大量的素材，剪辑素材就是对素材进行处理编辑的过程，通过对素材进行剪辑，用户可以选择素材中优秀的部分进行使用，以使最终的成品质量更佳，配合也更融洽。

2. Q：什么是非线性编辑？

A： 非线性编辑是指借助计算机进行数字化制作的编辑。在使用非线性编辑软件时，用户仅需上传一次就可以多次进行编辑，且不影响素材的质量，节省人力物力，提高了剪辑的效率。Premiere软件、After Effects软件都属于非线性编辑软件。

3. Q：在 Premiere 软件中改变音频持续时间后，音调发生了变化，怎么避免这一情况的出现？

A： 在调整音频持续时间时，除了剪切素材外，用户可以通过执行"速度/持续时间"命令，打开"剪辑速度/持续时间"对话框，选择"保持音频音调"复选框，就可以保持音频的音调。要注意的是，当音频素材持续时间与原始持续时间差异过大时，还是建议用户重新选择合适的音频素材进行应用。

4. Q：标记有什么作用？怎么应用？

A： 标记可以指示重要的时间点，帮助用户定位素材文件。当素材中存在多个标记时，右击"节目监视器"面板或"时间轴"面板中的标尺，在弹出的快捷菜单中选择"转到下一个标记"命令或"转到上一个标记"命令，时间标记会自动跳转到对应的位置。若想对标记的名称、颜色、注释等信息进行更改，可以双击标记按钮■或右击标记按钮■，在弹出的快捷菜单中执行"编辑标记"命令，打开"编辑标记"对话框即可进行修改。

若想删除标记，可以右击"节目监视器"面板或"时间轴"面板中的标尺，在弹出的快捷菜单中执行"清除所选的标记"命令或"清除所有标记"命令，即可删除相应的标记。

5. Q：如何精确控制素材播放速度？

A： 在"时间轴"面板中选中要调整的素材片段后右击，在弹出的快捷菜单中执行"速度/持续时间"命令，在打开的"剪辑速度/持续时间"对话框中设置参数，完成后单击"确定"按钮即可。

6. Q：什么是帧定格？

A： 帧定格是指将素材片段中的某一帧冻结，即将帧作为静止图像导入，片段的出点或入点都可以冻结。

第3章
文字效果的制作

视频通过添加字幕，可以更好地诠释内容，帮助观众理解。除了字幕外，在一些综艺节目上，还会看到文字动画，从而增加节目的趣味性。本章将通过介绍文字的创建与编辑，帮助用户更好地使用文字效果。

Pr 3.1 文字的创建

文字是视频中必不可少的部分，它可以对视频的内容作出解释，使观众更易理解，且能沉浸其中。在Premiere软件中，用户可以通过多种方式创建文字。

3.1.1 使用"文字工具"创建文字

选择"工具"面板中的"文字工具"T或"垂直文字工具"IT，在"节目监视器"面板中单击即可输入文字。图3-1所示为使用"垂直文字工具"IT创建的文字效果。创建文字后，"时间轴"面板中将自动出现文字素材，如图3-2所示。

图 3-1

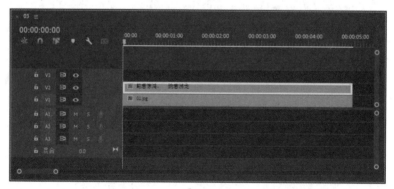

图 3-2

注意事项 选择"文字工具"T后，在"节目监视器"面板中拖曳创建文本框，可用于输入区域文字。用户可以通过调整文本框的大小改变文本框可见区域，而不影响文字大小。

动手练 镂空文字片头

文字在视频中起着至关重要的作用，它不仅可以帮助解释视频的内涵，还可以制作动画为视频增光添彩，其中，镂空文字就是一种非常常见的片头效果。下面将结合"文字工具"T的应用，介绍镂空文字片头效果的制作。

Step 01 新建项目，导入本章素材文件"街景.mp4"。将"街景.mp4"素材拖曳至"时间轴"面板中，软件将自动根据素材创建序列，如图3-3所示。

图 3-3

Step 02 选中V1轨道中的素材，按住Alt键向上拖动至V2轨道中，复制素材，如图3-4所示。

图 3-4

Step 03 在"效果"面板中搜索"高斯模糊"视频效果，拖曳至V1轨道素材上，在"效果控件"面板中选择"重复边缘像素"复选框。单击"模糊度"参数左侧的"切换动画"按钮，添加关键帧，移动时间线至00:00:04:00处，设置"模糊度"参数为200，软件将自动添加关键帧，如图3-5所示。隐藏V2轨道素材，此时，"节目监视器"面板中的效果如图3-6所示。

图 3-5

图 3-6

Step 04 显示V2轨道素材，选择"文字工具"，在"节目监视器"面板中的合适位置单击并输入文字。选中输入的文字，在"效果控件"面板中设置"字体"为庞门正道粗书体，"字体大小"为700，调整文字位置位于"节目监视器"面板的中央，在"节目监视器"面板中的预览效果如图3-7所示。

图 3-7

Step 05 使用"选择工具" ▶在"时间轴"面板中拖曳文字素材末端，使其持续时间与V1、V2轨道素材一致，如图3-8所示。

图 3-8

Step 06 选中文字素材，在"效果控件"面板中单击"矢量运动"效果下"缩放"参数左侧的"切换动画"按钮 ，添加关键帧，并设置"缩放"参数为700。移动时间线至00:00:04:00处，设置"缩放"参数为0，软件将自动添加关键帧，如图3-9所示。

图 3-9

Step 07 在"效果"面板中搜索"轨道遮罩键"视频效果，拖曳至V2轨道素材上，在"效果控件"面板上设置"遮罩"为"视频3"，如图3-10所示。此时，"节目监视器"面板中的预览效果如图3-11所示。

图 3-10

图 3-11

至此，镂空文字片头效果制作完成。移动时间线至初始位置，按空格键播放即可观看效果，如图3-12所示。

图 3-12

3.1.2 通过"基本图形"面板创建文字

除了使用文字工具外，用户还可以通过"基本图形"面板创建文字。"基本图形"面板的功能非常强大，用户可以通过该面板直接在Premiere软件中创建字幕、图形或动画。

执行"窗口"|"基本图形"命令，打开"基本图形"面板，单击"编辑"选项卡中的"新建图层"按钮，在弹出的快捷菜单中执行"文本"命令或按Ctrl+T组合键，即可在"时间轴"面板中新建文字素材，如图3-13所示。同时，"节目监视器"面板中将出现文字输入框，双击文字输入框即可输入文字，如图3-14所示。

图 3-13

图 3-14

注意事项 选中"时间轴"面板中的文字素材，在"节目监视器"面板中单击可继续输入文字，此时，新添加的文字与原文字在同一个素材中，用户可以在"基本图形"面板中分别对2个文字图层进行隐藏或显示等操作，如图3-15所示。

图 3-15

　　除了添加文字、图形等素材外，在"基本图形"面板的"浏览"选项卡中，用户还可以直接应用软件中自带的模板，制作动态效果，图3-16所示为"基本图形"面板的"浏览"选项卡。

图 3-16

　　选择模板后将其拖曳至"时间轴"面板中相应的轨道中，即可应用该模板，如图3-17所示。若想对模板素材进行编辑，可以选择"时间轴"面板中应用的模板后，在"效果控件"面板和"基本图形"面板的"编辑"选项卡中进行编辑，以满足应用需要。

图 3-17

动手练 添加影片制作人员信息

在影视剧的片头及片尾处，一般都会展示影片制作人员的信息。下面将结合"基本图形"面板，介绍如何添加影片制作人员信息。

Step 01 新建项目和序列，并导入本章素材文件"走路.mp4"和"配乐.wav"，如图3-18所示。

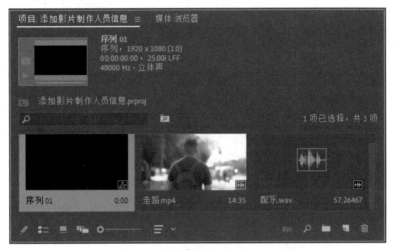

图 3-18

Step 02 选择"走路.mp4"素材，拖曳至"时间轴"面板中的V1轨道中，选择"配乐.wav"素材，拖曳至"时间轴"面板中的A1轨道中，如图3-19所示。

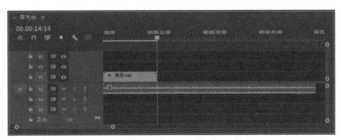

图 3-19

Step 03 移动时间线至00:00:01:02处，使用"剃刀工具"在A1轨道素材上单击，剪切素材并按Shift+Delete组合键删除第1段素材。移动时间线至00:00:14:14处，使用"剃刀工具"在A1轨道素材上单击，剪切素材并按Delete键删除第2段素材，如图3-20所示。

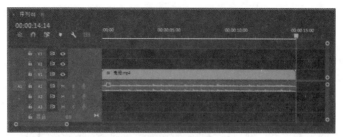

图 3-20

Step 04 执行"窗口"|"基本图形"命令,打开"基本图形"面板,切换至"浏览"选项卡,选择"影片制作人员"模板,拖曳至V3轨道中,如图3-21所示。在"节目监视器"面板中的预览效果如图3-22所示。

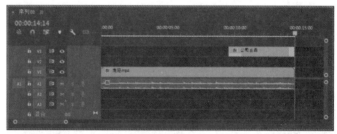

图 3-21

图 3-22

Step 05 在"基本图形"面板的"编辑"选项卡中双击相应的文字图层,在"节目监视器"面板中重新输入文字信息,图3-23所示为完成后的效果。

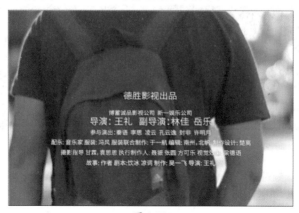

图 3-23

Step 06 单击"项目"面板中的"新建项"按钮，在弹出的快捷菜单中执行"黑场视频"命令，打开"新建黑场视频"对话框，保持默认设置后单击"确定"按钮，新建黑场视频素材，并将其拖曳至"时间轴"面板中的V2轨道中，调整持续时间与V3轨道素材一致，如图3-24所示。

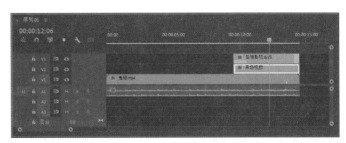

图 3-24

Step 07 选中V2轨道素材，移动时间线至00:00:09:14处，在"效果控件"面板中单击"不透明度"参数左侧的"切换动画"按钮，添加关键帧，并设置不透明度为0%，移动时间线至00:00:12:06处，设置不透明度为100%，软件将自动添加关键帧，如图3-25所示。此时，"节目监视器"面板中的效果如图3-26所示。

图 3-25

图 3-26

至此，完成了影片制作人员的信息添加。移动时间线至初始位置，按空格键播放即可观看效果，如图3-27所示。

图 3-27

Pr 3.2　文字的编辑

输入文字后，用户可以对文字的属性、外观、样式等参数进行设置，使其更加适合呈现在影片中。在Premiere软件中，用户可以通过"效果控件"面板或"基本图形"面板编辑文字，制作特殊的视觉效果。

3.2.1　"效果控件"面板中编辑文字

用户可以在"效果控件"面板中对文字的字体、字号、外观等属性进行设置，使文字和影片内容更匹配，图3-28所示为"效果控件"面板。下面将对其进行介绍。

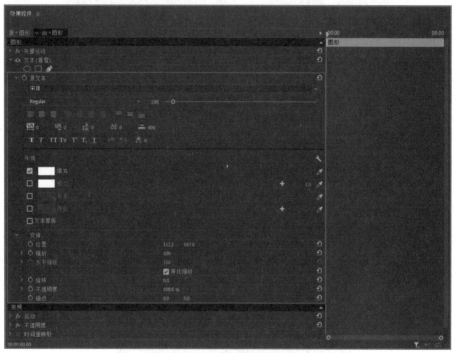

图 3-28

1. 设置文字属性

选择要编辑的文字素材，在"效果控件"面板中展开"文本"参数，即可设置文字的字体、字体大小等属性，图3-29所示为"效果控件"面板中可设置的文字基本属性。其中，部分属性选项作用如下。

图 3-29

- **字体：** 用于选择需要的文字字体。
- **字体样式：** 用于设置文字字重，仅部分字体可选。
- **字体大小：** 用于设置文字大小。
- **对齐方式** ：用于设置文字对齐方式，用户根据需要选择即可。
- **字距调整** ：用于放宽或收紧选定文本或整个文本块中字符之间的间距。
- **行距** ：用于设置文字的行间距。

- **基线位移** 🄐：用于设置文字在默认高度基础上向上（正）或向下（负）偏移。
- **仿粗体** 🄣：单击该按钮可加粗选中的文字，再次单击取消效果。
- **仿斜体** 🄣：单击该按钮可倾斜选中的文字，再次单击取消效果。
- **全部大写字母** 🄣：单击该按钮可将文字中的英文字母全部改为大写。
- **小型大写字母** 🄣：单击该按钮可将文字中小写的英文字母改为大写，并保持原高度。
- **上标** 🄣：单击该按钮可将选中的文字更改为上标文字。
- **下标** 🄣：单击该按钮可将选中的文字更改为下标文字。
- **下划线** 🄣：单击该按钮可为选中的文字添加下画线。

2. 设置文字外观

文字的外观属性包括填充、描边、阴影等，用户可以在"效果控件"面板中对这些参数进行设置，从而制作更具特色的文字效果。图3-30所示为"效果控件"面板中可设置的外观参数。选中"外观"参数下方选项左侧的复选框，即可启用该选项，用户可以根据需要，添加多个描边及阴影效果。

图 3-30

选择"背景"和"阴影"复选框时，可将其展开进行更进一步的设置，图3-31所示为展开的"背景"及"阴影"选项。用户可以设置背景的不透明度、大小以及角半径，还可以设置阴影的不透明度、角度、偏移距离、大小及模糊程度等。

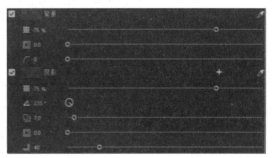

图 3-31

知识点拨

　　用户可以将文本转换到蒙版图层，隐藏或显示部分内容。选择"外观"参数下方的"文本蒙版"复选框，在"基本图形"面板的图层堆叠中，蒙版将隐藏文字以外的内容，并显示文字下方的其他图层部分，如图3-32所示；选择"反转"复选框，将隐藏文字内容，显示文字下方图层的其他部分，如图3-33所示。

图 3-32

图 3-33

3. 文字变换

若想设置文字的位置、缩放等属性，可以在"变换"参数中进行设置，图3-34所示为展开的"变换"参数。用户根据需要进行设置即可。

图 3-34

除了通过"效果控件"面板中的"变换"参数设置文字的位置等属性，用户还可以选择"选择工具" ▶ ，在"节目监视器"面板中选中文字直接进行调整。

3.2.2 "基本图形"面板中编辑文字

"基本图形"面板中的文字属性设置与"效果控件"面板中的设置类似，图3-35所示为"基本图形"面板。

与"效果控件"面板中的选项相比，"基本图形"面板中多了一个"响应式设计"选项，响应式设计包括"响应式设计-时间"和"响应式设计-位置"两种。其中，"响应式设计-时间"基于图形，只有在未选中任何图层或存在关键帧的情况下才会出现在"基本图形"面板下方；而"响应式设计-位置"可以使当前图层固定到其他图层，随着其他图层变换而变换。

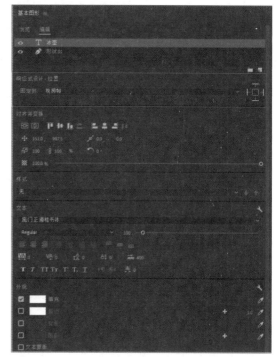

图 3-35

1. 响应式设计 – 时间

"响应式设计-时间"可以指定开场和结尾的持续时间，以保证在改变剪辑持续时间时，不影响开场和结尾的持续时间，同时中间部分的关键帧将根据需要进行拉伸或压缩，以适应改变后的持续时间。用户还可以通过选择"滚动"选项，制作滚动字幕效果。图3-36所示为"基本图形"面板中的"响应式设计-时间"选项。

2. 响应式设计 – 位置

"响应式设计-位置"可以使某个图层自动适应视频帧的变化，如用户可以使某个形状响应文字图层，以便在改变文字内容时下方的形状也随之改变。图3-37、图3-38为响应后的效果对比。

图 3-36

图 3-37

图 3-38

动手练 制作弹幕效果

弹幕是观看互联网视频时的一大乐趣，在制作视频时，用户可以选择性地添加一些弹幕，使视频更有趣。下面将结合文字的相关知识，介绍弹幕效果的制作方法。

Step 01 新建项目，导入本章素材文件"长颈鹿.mp4"。将"长颈鹿.mp4"素材拖曳至"时间轴"面板中，软件将自动根据素材创建序列，如图3-39所示。

图 3-39

Step 02 移动时间线至00:00:00:00处。单击"基本图形"面板的"编辑"选项卡中的"新建图层"按钮，在弹出的快捷菜单中执行"文本"命令，新建文本素材，双击"基本图形"面板中的文字图层，此时"节目监视器"面板中的文字输入框处于全选状态，输入文字，如图3-40所示。

图 3-40

Step 03 选择"基本图形"面板中的文字图层，在"基本图形"面板中设置"字体"为黑体，"字体大小"为53，选择"阴影"复选框，设置阴影参数，使用"选择工具"在"节目监视器"面板中移动文字至合适位置，如图3-41所示。

57

图 3-41

Step 04 使用"选择工具"，在"时间轴"面板中拖曳文字素材末端与V1轨道素材对齐，如图3-42所示。

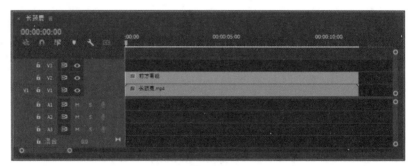

图 3-42

Step 05 选择V2轨道素材，在"基本图形"面板的"编辑"选项卡中选中文字图层，右击，在弹出的快捷菜单中执行"复制"命令（第2个复制）复制文字，在"节目监视器"面板中移动复制文字的位置，如图3-43所示。

图 3-43

Step 06 继续选中"编辑"选项卡中的2个文字图层，右击，在弹出的快捷菜单中执行"复制"命令（第2个复制）复制文字，在"节目监视器"面板中移动复制文字的位置，双击其中一个文字，修改其内容，如图3-44所示。

图 3-44

Step 07 使用相同的方法，复制文字并更改部分文字的颜色、内容等信息，在"节目监视器"面板中设置缩放级别为10%，效果如图3-45所示。

图 3-45

注意事项 文字内容可根据需要自行添加。

Step 08 设置缩放级别为适合。移动时间线至00:00:00:00处，选中"时间轴"面板V2轨道中的素材，在"效果控件"面板中，单击"矢量运动"效果中"位置"参数左侧的"切换动画"按钮，添加关键帧，移动时间线至00:00:11:12处，设置"位置"参数，再次添加关键帧，如图3-46所示。此时，"节目监视器"面板中的预览效果如图3-47所示。

图 3-46

图 3-47

至此，弹幕效果制作完成。移动时间线至初始位置，按空格键播放即可观看效果，如图3-48所示。

图 3-48

案例实战：制作KTV歌词字幕

KTV歌词字幕是一种非常常见且极具个性的字幕，下面将结合文字的相关知识，介绍KTV歌词字幕的制作。

Step 01 新建项目和序列，导入本章素材文件"芦苇.mp4"和"女生.mp4"，如图3-49所示。

图 3-49

Step 02 选择"芦苇.mp4"和"女生.mp4"素材，拖曳至"时间轴"面板中的V1轨道中，在弹出的"剪辑不匹配警告"对话框中选择"保持现有设置"按钮，效果如图3-50所示。

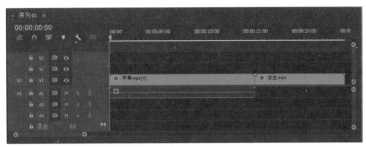

图 3-50

Step 03 选中V1轨道中的两段素材，右击，在弹出的快捷菜单中执行"缩放为帧大小"命令，调整素材大小。执行"取消链接"命令，取消音视频链接，选择A1轨道中的音频，按Delete键删除，如图3-51所示。

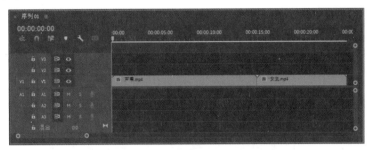

图 3-51

Step 04 选中V1轨道中的两段素材，右击，在弹出的快捷菜单中执行"速度/持续时间"命令，打开"剪辑速度/持续时间"对话框，设置"持续时间"为00:00:05:00，完成后单击"确定"按钮，调整素材持续时间，并移动第2段素材至第1段素材末端，如图3-52所示。

图 3-52

Step 05 在"效果"面板中搜索"交叉溶解"视频过渡效果，拖曳至V1轨道中两段素材交接处，添加视频过渡效果，如图3-53所示。在"节目监视器"面板中的预览效果如图3-54所示。

图 3-53

图 3-54

Step 06 移动时间线至00:00:00:00处，选择"工具"面板中的"文字工具" ，在"节目监视器"面板中的合适位置单击并输入文字，按Enter键换行，按空格键调整第2行文字的位置，图3-55所示为调整后的效果。

图 3-55

Step 07 在"基本图形"面板中选中文字图层，设置文字"字体"为黑体，"字体大小"为100，"填充"为纯白色，效果如图3-56所示。

图 3-56

Step 08 选中V2轨道中的文字素材，按住Alt键拖曳至V3轨道中复制素材，如图3-57所示。选中复制的文字素材，在"基本图形"面板中选中文字图层，设置"填充"为蓝色（＃3000FF），"描边"为纯白色，粗细为5pt，效果如图3-58所示。

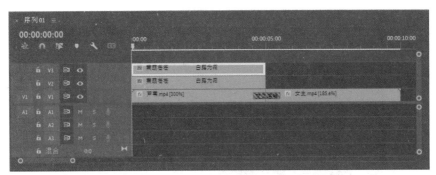

图 3-57

图 3-58

Step 09 在"效果"面板中搜索"裁剪"视频效果,拖曳至V3轨道素材上。移动时间线至00:00:00:00处,在"效果控件"面板中单击"裁剪"效果中"右侧"参数左侧的"切换动画"按钮,添加关键帧,并设置"右侧"参数为90%,此时"节目监视器"面板中的效果如图3-59所示。

图 3-59

Step 10 移动时间线至00:00:02:10处,设置"右侧"参数为68%,软件将自动添加关键帧,此时"节目监视器"面板中的效果如图3-60所示。

图 3-60

Step 11 移动时间线至 00:00:02:15处，设置"右侧"参数为31%，添加关键帧，此时"节目监视器"面板中的效果如图3-61所示。

图 3-61

Step 12 移动时间线至 00:00:04:20处，设置"右侧"参数为11%，添加关键帧，此时"节目监视器"面板中的效果如图3-62所示。

图 3-62

Step 13 选中V2、V3轨道中的素材，按Alt键向后拖曳复制，如图3-63所示。

图 3-63

Step 14 选中V2轨道中第2段素材，在"基本图形"面板中双击文字图层，使文字变为可编辑状态，在"节目监视器"面板中输入文字，修改文字内容，隐藏V3轨道素材后可在"节目监视器"面板中预览修改后的文字，如图3-64所示。

图 3-64

Step 15 显示V3轨道素材，使用相同的方法修改V3轨道第2段文字内容，如图3-65所示。

图 3-65

至此，KTV歌词字幕效果制作完成。移动时间线至初始位置，按空格键播放即可观看效果，如图3-66所示。

图 3-66

1. Q：什么是字幕安全区域？

　A：在监视器面板中，用户可以选择单击"安全边距"按钮 ▣ 显示字幕安全区域，即外部的动作安全边距和内部的字幕安全边距。该区域主要针对在电视上播放的影片而言。其中，动作安全边距显示了90%的可视区域，重要的影片内容需要放置在该区域之内；字幕安全边距则确定了文字字幕的区域范围，超出该区域的文字有可能不能被看到。

2. Q：怎么制作书写文字效果？

　A：用户可以通过"书写"视频效果实现书写文字的目的。要注意的是，使用该视频效果需要先将文字素材进行嵌套，以减少运算量，避免软件崩溃。

3. Q：如何替换项目中的字体？

　A：用户可以同时更新所有字体来替换现有的字体，不需要选择具体的文字图层。执行"图形"|"替换项目中的字体"命令，打开"替换项目中的字体"对话框，在该对话框中选择要替换的字体，在"替换字体"下拉列表框中选择新的字体，单击"确定"按钮即可进行替换。要注意的是，该命令将替换所有序列和所有打开项目中选定字体的所有实例，而不是只替换一个图形中的所有图层字体。

4. Q：如何将描边连接处设置为圆角连接？

　A：在"基本图形"面板中选中图层并切换至"编辑"选项卡，单击"外观"参数右侧的"图形属性"按钮 ◣，即可打开"图形属性"对话框，对描边样式参数进行设置。其中，"线段连接"可将线段设置为斜接、圆和斜切；"线段端点"用于设置线段的端点样式，包括平头、圆形或方形3种；"斜接限制"则定义在斜接连接变成斜切之前的最大斜接长度，默认斜接限制为2.5。

5. Q：如何通过"基本图形"面板创建动画？

　A：在"基本图形"面板中选中要制作动画的图层，单击要制作动画的属性左侧的图标，当其变为蓝色时即打开该属性的动画，移动时间线切换相应的数值即可添加动画效果，如图3-67所示。

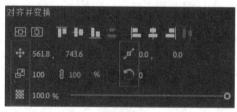

图 3-67

Premiere视频剪辑标准教程（全彩微课版）

第4章
视频过渡效果的应用

在对视频进行剪辑时，一般会使用到大量素材，遇到衔接不流畅的素材片段时，用户可以选择添加视频过渡效果，使转场更顺滑。在影视后期制作中，一般会使用Premiere添加视频过渡效果。

视频过渡又称转场，通过添加视频过渡效果，可以使素材与素材之间的连接更流畅自然，影片质量更高。在Premiere软件中包含很多预设的视频过渡效果，用户可以根据需要进行选择。

4.1.1   添加视频过渡效果

视频过渡效果集中在"效果"面板中，用户可以在该面板中找到要添加的视频过渡效果，拖曳至"时间轴"面板中的素材入点或出点处即可，图4-1所示为添加"交叉溶解"视频过渡的效果。

图 4-1

4.1.2   编辑视频过渡效果

添加视频过渡效果后，若想对其持续时间、方向等进行设置，可以选中添加的视频过渡效果，在"效果控件"面板中进行设置，如图4-2所示。该面板中部分选项的作用如下。

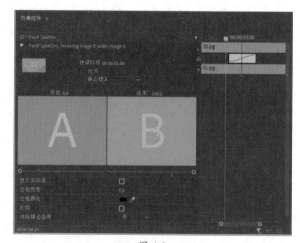

图 4-2

- **持续时间**：用于设置视频过渡效果的持续时间，时间越长，过渡越慢。

- **对齐**：用于设置视频过渡效果与相邻素材片段的对齐方式，包括中心切入、起点切入、终点切入和自定义切入4种选项。

- **开始**：用于设置视频过渡开始时的效果，默认数值为0，该数值表示将从整个视频过渡过程的开始位置进行过渡；若将该参数数值设置为10，则从整个视频过渡效果的10%位置开始过渡。

- **结束:** 用于设置视频过渡结束时的效果, 默认数值为100, 该数值表示将在整个视频过渡过程的结束位置完成过渡; 若将该参数数值设置为90, 则表示视频过渡特效结束时, 视频过渡特效只是完成了整个视频过渡的90%。
- **显示实际源:** 选择该复选框, 可在"效果控件"面板的预览区中显示素材的实际效果。
- **边框宽度:** 用于设置视频过渡过程中形成的边框的宽度。
- **边框颜色:** 用于设置视频过渡过程中形成的边框的颜色。
- **反向:** 选择该复选框, 将反转视频过渡的效果。

注意事项 选择不同的视频过渡效果, 在"效果控件"面板中的选项也有所不同, 在使用时, 根据实际需要设置即可。

动手练 制作图片集

处理保存的图片时, 用户可以选择将其制作成图片集, 以便更好地播放与观看。下面将结合视频过渡效果的应用, 对图片集的制作方法进行介绍。

Step 01 新建项目, 导入本章素材文件"风景01.jpg"~"风景10.jpg"和"配乐.wav", 选中"风景01.jpg"~"风景10.jpg", 拖曳至"时间轴"面板中, 软件将自动根据素材创建序列, 如图4-3所示。

图 4-3

Step 02 在"效果"面板中搜索"黑场过渡"视频过渡效果, 拖曳至"时间轴"面板中V1轨道第1段素材的起始处, 添加视频过渡效果, 如图4-4所示。

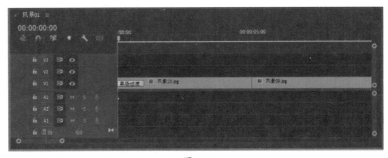

图 4-4

Step 03 选择添加的"黑场过渡"视频过渡效果, 在"效果控件"面板中设置"持续时间"为2s, 使过渡效果更缓慢, 如图4-5所示。

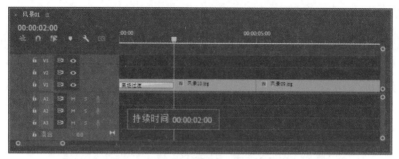

图 4-5

Step 04 使用相同的方法，在V1轨道第10段素材末端添加"黑场过渡"视频过渡效果，并调整持续时间为2s，如图4-6所示。

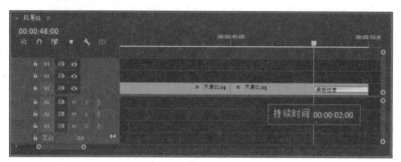

图 4-6

Step 05 在"效果控件"面板中搜索"交叉溶解"视频过渡效果，拖曳至"时间轴"面板中V1轨道第1段素材和第2段素材之间，添加"交叉溶解"视频过渡效果，如图4-7所示。

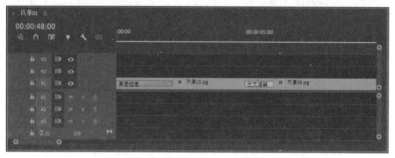

图 4-7

Step 06 选中添加的"交叉溶解"视频过渡效果，在"效果控件"面板中设置其"持续时间"为2s，"对齐"为中心切入，如图4-8所示。

图 4-8

Step 07 选中"时间轴"面板中添加的"交叉溶解"视频过渡效果，按Ctrl+C组合键复制，移动光标至第2段和第3段素材之间，单击，按Ctrl+V组合键粘贴视频过渡效果，如图4-9所示。

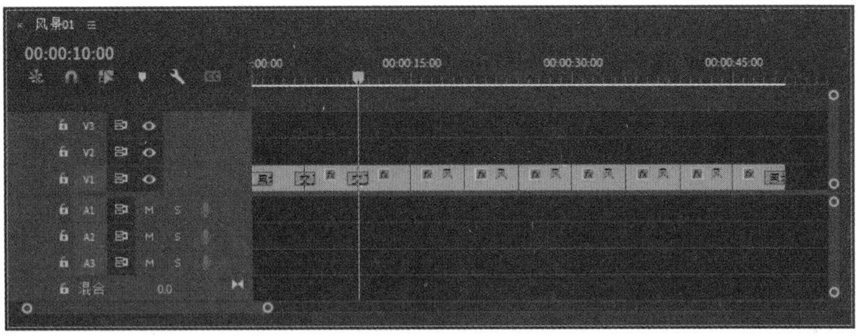

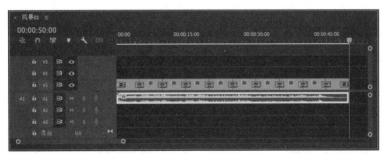

图 4-9

Step 08 使用相同的方法，继续复制"交叉溶解"视频过渡效果，完成后的效果如图4-10所示。

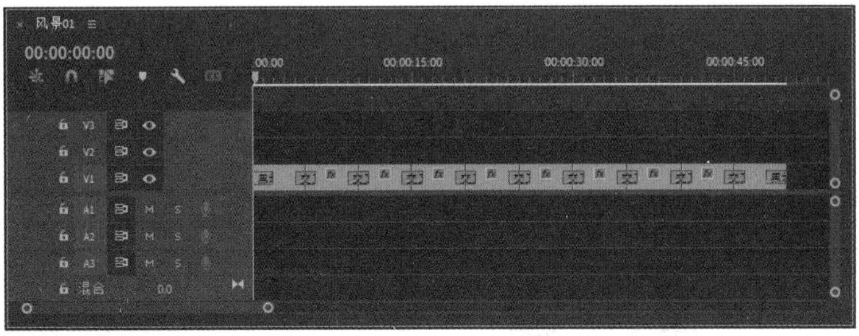

图 4-10

Step 09 选择"配乐.wav"素材，拖曳至"时间轴"面板的A1轨道中，右击，在弹出的快捷菜单中执行"速度/持续时间"命令，打开"剪辑速度/持续时间"对话框，设置"持续时间"为00:00:50:00，选择"保持音频音调"复选框，单击"确定"按钮，设置音频持续时间与V1轨道素材一致，如图4-11所示。

图 4-11

至此，图片集制作完成。移动时间线至初始位置，按空格键即可播放，如图4-12所示。

图 4-12

Pr 4.2 视频过渡效果的使用

Premiere软件有9组预设的视频过渡效果，分别是3D运动、划像、擦除、沉浸式视频、溶解、滑动、缩放、内滑和页面剥落。不同组中的视频过渡效果有不同的作用，本节将分别进行介绍。

4.2.1 3D运动

3D运动视频过渡效果组中的效果可以模拟三维运动切换素材，该组中包括"立方体旋转"和"翻转"两种效果。

1. 立方体旋转

"立方体旋转"视频过渡效果可以模拟空间立方体旋转运动的效果。旋转过程中，相邻的两个素材类似于立方体相邻的两面旋转切换，如图4-13、图4-14所示。

图 4-13   图 4-14

选中"时间轴"面板中的"立方体旋转"视频过渡效果，在"效果控件"面板中可以对旋转的方向进行设置。

2. 翻转

"翻转"视频过渡效果可以模拟平面翻转的效果。翻转过程中，相邻的两个素材类似于一个平面的正反，一个素材离开，另一个素材翻转出现，如图4-15、图4-16所示。

图 4-15   图 4-16

选中"时间轴"面板中的"立方体旋转"视频过渡效果，在"效果控件"面板中可以对旋转的方向进行设置。

4.2.2 划像

划像视频过渡效果组中的效果主要是通过分割画面来切换素材。该组中包括"盒形划像"
"交叉划像""菱形划像"和"圆形划像"4种效果。

1. 盒形划像

"盒形划像"视频过渡效果中新素材以盒形出现并向四周扩展,直至充满整个画面并完全覆
盖原素材,如图4-17、图4-18所示。

图 4-17   图 4-18

2. 交叉划像

"交叉划像"视频过渡效果中新素材以十字形出现并向四角扩展,直至充满整个画面并完全
覆盖原素材,如图4-19、图4-20所示。

图 4-19   图 4-20

3. 菱形划像

"菱形划像"视频过渡效果中新素材以菱形出现并向四周扩展,直至充满整个画面并完全覆
盖原素材,如图4-21、图4-22所示。

图 4-21   图 4-22

4. 圆形划像

"圆形划像"视频过渡效果中新素材以圆形出现并向四周扩展，直至充满整个画面并完全覆盖原素材，如图4-23、图4-24所示。

图 4-23

图 4-24

4.2.3　页面剥落

页面剥落视频过渡效果组中的效果可以模拟翻页或者页面剥落的效果，从而切换素材。该组中包括"翻页"和"页面剥落"两种视频过渡效果。

1. 翻页

"翻页"视频过渡效果中原素材以页角对折的方式逐渐消失，新素材逐渐显示，如图4-25、图4-26所示。

图 4-25

图 4-26

2. 页面剥落

"页面剥落"视频过渡效果可以模拟纸张翻页的效果，原素材将翻页消失至完全显示新素材，如图4-27、图4-28所示。

图 4-27

图 4-28

4.2.4 滑动

"滑动"视频过渡效果组中的效果可以通过滑动画面来切换素材。该组包括"带状滑动""中心拆分""推""滑动"和"拆分"5种视频过渡效果。

1. 带状滑动

"带状滑动"视频过渡效果将新素材拆分为带状，从画面两端向画面中心滑动，直至合并为完整图像，完全覆盖原素材，如图4-29、图 4-30所示。

图 4-29

图 4-30

2. 中心拆分

"中心拆分"视频过渡效果可以将原素材从中心分为4部分，这4部分分别向四角滑动，直至完全显示新素材，如图4-31、图4-32所示。

图 4-31

图 4-32

3. 推

"推"视频过渡效果将原素材和新素材并排向画面一侧推动，直至原素材完全消失，新素材完全出现，如图4-33、图 4-34所示。

图 4-33

图 4-34

4. 滑动

"滑动"视频过渡效果中，新素材从画面一侧滑动至画面中，直至完全覆盖原素材，如图4-35、图4-36所示。

图 4-35

图 4-36

5. 拆分

"拆分"视频过渡效果中，原素材被平分为两部分，并分别向画面两侧滑动，直至完全消失，显示新素材，如图4-37、图 4-38所示。

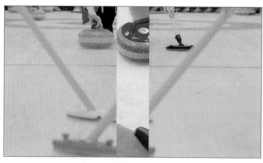

图 4-37

图 4-38

▌4.2.5 擦除

擦除视频过渡效果组中的效果主要是通过擦除素材的方式来切换素材。该组中包括17种视频过渡效果。

1. 带状擦除

"带状擦除"视频过渡效果可以从画面两侧呈带状擦除原素材，显示新素材，如图4-39、图4-40所示。

图 4-39　　　　　　　　　　　　　图 4-40

2. 双侧平推门

　　"双侧平推门"视频过渡效果从中心向两侧擦除原素材，显示新素材，如图4-41、图4-42所示。

图 4-41　　　　　　　　　　　　　图 4-42

3. 棋盘擦除

　　"棋盘擦除"视频过渡效果把原素材划分为多个方格，并从每个方格的一侧单独擦除原素材，直至完全显示新素材，如图4-43、图4-44所示。

图 4-43　　　　　　　　　　　　　图 4-44

4. 棋盘

　　"棋盘"视频过渡效果将新素材划分为多个方格，方格从上至下坠落，直至完全覆盖原素材，如图4-45、图4-46所示。

图 4-45　　　　　　　　　　　　　图 4-46

5. 时钟式擦除

"时钟式擦除"视频过渡效果以时钟转动的方式擦除原素材，显示新素材，如图4-47、图4-48所示。

图 4-47

图 4-48

6. 渐变擦除

"渐变擦除"视频过渡效果以一个图像的灰度值作为参考，根据参考图像，由黑至白擦除原素材，显示新素材，如图4-49、图4-50所示。

图 4-49

图 4-50

知识点拨

添加"渐变擦除"视频过渡效果后，将打开"渐变擦除设置"对话框，如图4-51所示。在该对话框中单击"选择图像"按钮，即可打开"打开"对话框选择参考图像。若想重新设置"渐变擦除"视频过渡效果的参考图像，可以选中该过渡效果后，在"效果控件"面板中单击"自定义"按钮，打开"渐变擦除设置"对话框进行重新选择。

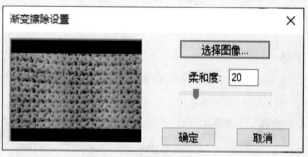

图 4-51

7. 插入

"插入"视频过渡效果从画面中的一角开始擦除原素材，显示新素材，如图4-52、图4-53所示。

图 4-52

图 4-53

8. 油漆飞溅

"油漆飞溅"视频过渡效果中，原素材以泼墨的形式被擦除，直至完全显示新素材，如图4-54、图4-55所示。

图 4-54

图 4-55

9. 风车

"风车"视频过渡效果以风车旋转的方式擦除原素材，显示新素材，如图4-56、图4-57所示。

图 4-56

图 4-57

10. 径向擦除

"径向擦除"视频过渡效果从画面的一角以射线扫描的方式擦除原素材，显示新素材，如图4-58、图4-59所示。

图 4-58

图 4-59

11. 随机块

"随机块"视频过渡效果中新素材以小方块的形式随机出现，直至完全覆盖原素材，如图4-60、图4-61所示。

图 4-60

图 4-61

12. 随机擦除

"随机擦除"视频过渡效果中，原素材被小方块从画面一侧开始随机擦除，直至完全显示新素材，如图4-62、图4-63所示。

图 4-62

图 4-63

13. 螺旋框

"螺旋框"视频过渡效果以从外至内螺旋框推进的方式擦除原素材，显示新素材，如图4-64、图4-65所示。

图 4-64

图 4-65

14. 百叶窗

"百叶窗"视频过渡效果模拟百叶窗开合，擦除原素材，显示新素材，如图4-66、图4-67所示。

图 4-66

图 4-67

15. 楔形擦除

"楔形擦除"视频过渡效果从画面中心以楔形旋转的方式擦除原素材，显示新素材，如图4-68、图4-69所示。

图 4-68

图 4-69

16. 划出

"划出"视频过渡效果从画面一侧擦除原素材，显示新素材，如图4-70、图4-71所示。

图 4-70

图 4-71

17. 水波块

"水波块"视频过渡效果以之字形块擦除的方式擦除原素材，显示新素材，如图4-72、图4-73所示。

图 4-72

图 4-73

4.2.6　缩放

缩放视频过渡效果组中只包括"交叉缩放"一种效果，该效果通过缩放图像来切换素材。在使用时，原素材被放大至无限大，新素材被从无限大缩放至原始比例，从而切换素材，如图4-74、图4-75所示。

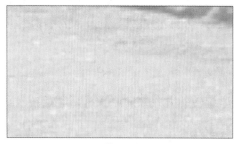 

图 4-74　　　　　　　　　　　　　　　　图 4-75

4.2.7　内滑

内滑视频过渡效果组中只包括"急摇"一种效果，该效果从左向右推动素材，使素材产生动感模糊的效果，从而切换素材，如图4-76、图4-77所示。

 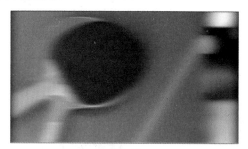

图 4-76　　　　　　　　　　　　　　　　图 4-77

动手练　制作文字切换效果

制作影片时，用户可以对影片中的某些部分应用视频过渡效果，作出极具特色的切换效果。下面将通过制作文字切换效果，介绍"急摇"视频过渡效果的应用。

Step 01 新建项目，将本章素材文件"滑板.mp4""伴奏.wav""音效.wav"和"字.psd"拖曳至"项目"面板中，在弹出的"导入分层文件：字"对话框中选择"导入为"各个图层，并选择要导入的素材文件，如图4-78所示。完成后单击"确定"按钮，导入本章素材文件至"项目"面板中，如图4-79所示。

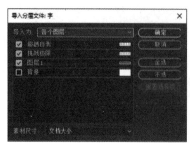 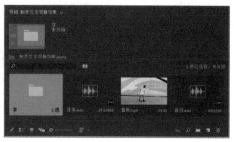

图 4-78　　　　　　　　　　　　　　　　图 4-79

Step 02 选择"滑板.mp4"素材，拖曳至"时间轴"面板中，软件将根据该素材自动创建序列，如图4-80所示。

图 4-80

Step 03 选中"时间轴"面板中V1轨道中的素材，右击，在弹出的快捷菜单中执行"速度/持续时间"命令，打开"剪辑速度/持续时间"对话框，设置"持续时间"为00:00:10:00，完成后单击"确定"按钮，调整素材持续时间，如图4-81所示。

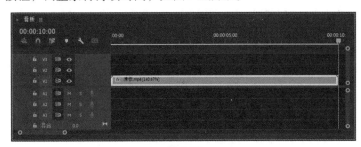

图 4-81

Step 04 选择"伴奏.wav"素材，拖曳至"时间轴"面板的A1轨道中，使用"剃刀工具"▨裁剪多余部分，按Delete键删除，如图4-82所示。

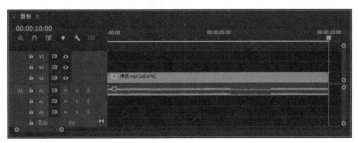

图 4-82

Step 05 在"项目"面板中双击"字"素材箱，选择"图层1/字.psd"素材文件，拖曳至"时间轴"面板的V2轨道中，选择"挑战极限/字.psd"素材文件，拖曳至V3轨道中，如图4-83所示。

图 4-83

Step 06 选中V2和V3轨道中的素材，右击，在弹出的快捷菜单中执行"缩放为帧大小"命令，调整素材大小，图4-84所示为调整后的效果。

图 4-84

Step 07 使用相同的方法，再次拖曳"图层1/字.psd"素材文件至V2轨道中第1段素材之后，拖曳"超越自我/字.psd"素材至V3轨道中第1段素材之后，并调整帧大小，如图4-85、图4-86所示。

图 4-85

图 4-86

Step 08 选中V2轨道和V3轨道中第1段素材，右击，在弹出的快捷菜单中执行"嵌套"命令，打开"嵌套序列名称"对话框，设置"名称"为挑战极限，完成后单击"确定"按钮嵌套素材，如图4-87所示。

图 4-87

Step 09 使用相同的方法，将V2轨道和V3轨道中的第2段素材嵌套，并设置名称为"超越自我"，如图4-88所示。

图 4-88

Step 10 在"效果"面板中选择"急摇"视频过渡效果，拖曳至V2轨道第1段素材起始处，添加视频过渡效果。选中添加的视频过渡效果，在"效果控件"面板中设置"持续时间"为00:00:01:10，如图4-89所示。

图 4-89

Step 11 使用相同的方法，在V2轨道第1段素材和第2段素材相接处及第2段素材末尾添加"急摇"视频过渡效果，并设置持续时间，如图4-90所示。

图 4-90

Step 12 选择"音效.wav"素材，拖曳至"时间轴"面板的A2轨道中，使用"剃刀工具" 裁剪多余部分，按Delete键删除，如图4-91所示。

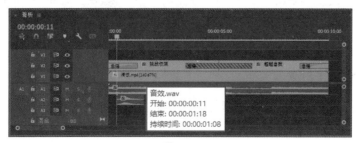

图 4-91

Step 13 选中A2轨道中的音效素材，按住Alt键向后拖曳复制，右击，在弹出的快捷菜单中执行"速度/持续时间"命令，打开"剪辑速度/持续时间"对话框，设置"持续时间"为00:00:03:00，选择"保持音频音调"复选框，完成后单击"确定"按钮，调整素材持续时间，如图4-92所示。

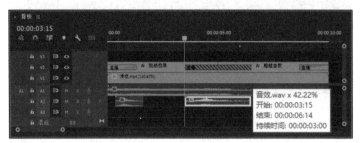

图 4-92

Step 14 继续复制A2轨道中的第1段素材，如图4-93所示。

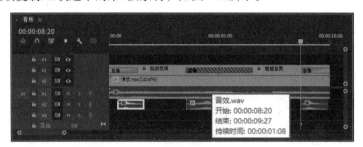

图 4-93

至此，完成文字切换效果的制作。移动时间线至初始位置，按空格键播放即可观看效果，如图4-94所示。

图 4-94

4.2.8 沉浸式视频

沉浸式视频过渡效果组中的效果主要适用于全景视频和VR视频。针对普通素材也可以展现特殊的过渡效果，如图4-95、图4-96所示。

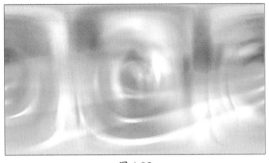

图 4-95

图 4-96

4.2.9　溶解

溶解视频过渡效果组中的效果主要通过使素材溶解淡化的方式切换素材,包括"叠加溶解""白场过渡""黑场过渡"等7种视频过渡效果。

1. 叠加溶解

"叠加溶解"视频过渡效果中,原素材和新素材将以亮度叠加的方式相互融合,原素材逐渐变亮的同时慢慢露出新素材,从而切换素材,如图4-97、图4-98所示。

图 4-97

图 4-98

2. 胶片溶解

"胶片溶解"视频过渡效果是混合在线性色彩空间中的溶解过渡(灰度系数=1.0),如图4-99、图4-100所示。

图 4-99

图 4-100

3. 非叠加溶解

"非叠加溶解"视频过渡效果中,原素材暗部至亮部依次消失,新素材亮部至暗部依次出现,从而切换素材,如图4-101、图4-102所示。

图 4-101   图 4-102

4. MorphCut

"MorphCut"视频过渡效果可以修复素材间的跳帧现象，通过在原声摘要之间平滑跳切，创建更完美的访谈。

5. 交叉溶解

"交叉溶解"视频过渡效果可以在淡出原素材的同时淡入新素材，从而切换素材，如图4-103、图4-104所示。

图 4-103   图 4-104

6. 白场过渡

"白场过渡"视频过渡效果可以将原素材淡化到白色，然后从白色淡化到新素材，如图4-105、图4-106所示。

图 4-105   图 4-106

7. 黑场过渡

"黑场过渡"视频过渡效果与"白场过渡"类似，仅是将白色变为黑色，如图4-107、图4-108所示。

图 4-107

图 4-108

 案例实战：制作开场视频

　　影片的开场视频是影片非常重要的一部分，它可以吸引观众的注意力，使观众了解影片的大致内容，从而更容易沉浸在影片中。下面将结合视频过渡效果等知识，介绍开场视频的制作。

Step 01 新建项目和序列，导入本章素材文件"滑板.mp4"，如图4-109所示。

图 4-109

Step 02 单击"项目"面板中的"新建项" 按钮，在弹出的快捷菜单中执行"黑场视频"命令，打开"新建黑场视频"对话框，保持默认设置后单击"确定"按钮，新建黑场视频素材，如图4-110所示。

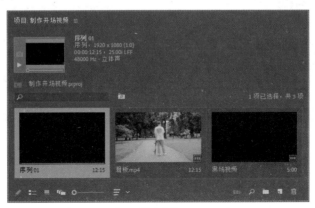

图 4-110

Step 03 选中"滑板.mp4"素材，拖曳至"时间轴"面板的V1轨道中，在"效果"面板中搜索"亮度曲线"视频效果，拖曳至该素材上，在"效果控件"面板中设置"亮度曲线"效果参数提亮画面，调整后在"节目监视器"面板中的预览效果如图4-111所示。

图 4-111

Step 04 选择"黑场视频"素材，拖曳至"时间轴"面板的V4轨道中，设置持续时间为00:00:03:00，如图4-112所示。

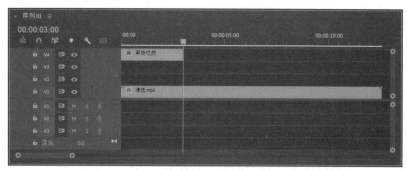

图 4-112

Step 05 在"效果"面板中搜索"拆分"视频过渡效果，拖曳至V4轨道素材末端，添加视频过渡效果，选中添加的"拆分"视频过渡效果，在"效果控件"面板中设置方向为"自北向南"，并调整持续时间为00:00:03:00，如图4-113所示。

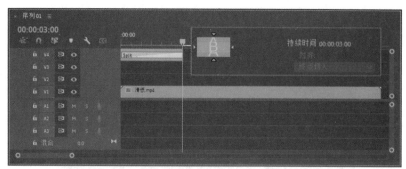

图 4-113

Step 06 使用相同的方法，继续在V4轨道中添加"黑场视频"素材，并调整持续时间为00:00:03:00，在其起始处添加"拆分"视频过渡效果，在"效果控件"面板中设置方向为"自北向南"，调整持续时间为00:00:03:00，选择"反向"复选框，如图4-114所示。

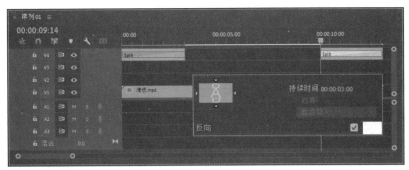

图 4-114

Step 07 在"基本图形"面板中单击"新建图层" 🔳 按钮，在弹出的快捷菜单中执行"矩形"命令，新建矩形，此时"时间轴"面板中将自动出现图形素材，调整其持续时间与V1轨道素材一致。在"节目监视器"面板中预览矩形，如图4-115所示。

图 4-115

Step 08 使用"选择工具" ▶ 选中并调整矩形大小与位置。在"基本图形"面板中选中"形状01"图层，右击，在弹出的快捷菜单中执行"复制"命令（第2个复制），复制形状，使用"选择工具" ▶ 调整其位置，如图4-116所示。

图 4-116

Step 09 移动时间线至00:00:01:00处，选择"文字工具" 🔳，在"节目监视器"面板中单击并输入文字，在"基本图形"面板中设置其与画面垂直居中对齐、水平居中对齐，"切换动画的比例"为183，"字体"为庞门正道粗书体，"填充"为纯白色，并添加黑色投影，在"节目监视器"面板中的预览效果如图4-117所示。在"时间轴"面板中调整其持续时间为00:00:03:00。

图 4-117

Step 10 在"效果"面板中搜索"交叉溶解"视频过渡效果，拖曳至文字素材的起始处和末端，如图4-118所示。

图 4-118

Step 11 选中V2轨道中的文字素材，按住Alt键向后拖曳复制，设置其持续时间为00:00:05:00，使用"文字工具" T 修改文字内容，在"基本图形"面板中设置其与画面垂直居中对齐、水平居中对齐，"切换动画的比例"为77，在"节目监视器"面板中的预览效果如图4-119所示。

图 4-119

Step 12 继续复制文字素材，调整其持续时间为00:00:03:15，使用"文字工具" T 修改文字内容，在"基本图形"面板中设置其与画面垂直居中对齐、水平居中对齐，"切换动画的比例"为77，在"节目监视器"面板中的预览效果如图4-120所示。

图 4-120

  至此，开场视频的制作完成。移动时间线至初始位置，按空格键播放即可观看效果，如图4-121所示。

图 4-121

新手答疑

1. Q：视频过渡效果和视频效果中的"过渡"效果组有什么区别？

　A：在Premiere软件中，将视频过渡效果拖曳至素材起始处或末端，即可直接应用效果，而视频效果中的"过渡"效果组需要结合关键帧才可以作出过渡的效果，类似于After Effects软件中的过渡。

2. Q：怎么设置默认过渡？

　A：在"效果"面板中选中要设置为默认过渡的视频过渡效果，右击，在弹出的快捷菜单中执行"将所选过渡设置为默认过渡"命令，即可更改默认切换。

3. Q：怎么同时为多个剪辑应用默认过渡？

　A：在为多个素材添加视频过渡效果时，若想添加相同的视频过渡效果，可以通过设置默认过渡并应用来快速操作。选中"时间轴"面板中要添加默认过渡的素材，执行"序列>应用默认过渡到选择项"命令即可。

　　需要注意的是，默认过渡会应用于两个选定剪辑邻接的每个编辑点。过渡的放置不取决于当前时间指示器的位置，也不取决于剪辑是否位于目标轨道上。在选定剪辑与非选定剪辑邻接的位置，或其相邻位置没有剪辑的情况下，不会应用默认过渡。

4. Q：怎么调整过渡中心的位置？

　A：应用视频过渡效果时，部分视频过渡效果具有可调节的过渡中心，如圆划像等。用户可以在"效果控件"面板中打开过渡，在预览区域中拖动小圆形中心来调整过渡中心的位置。

5. Q：怎么更改视频过渡默认的持续时间？

　A：执行"编辑"|"首选项"|"时间轴"命令，打开"首选项"对话框中的"时间轴"选项卡，即可设置视频过渡默认持续时间、音频过渡默认持续时间等参数，完成后单击"确定"按钮即可。要注意的是，新的设置不会影响现有的过渡。

6. Q：视频过渡效果越多越好吗？

　A：并不是。视频过渡效果的主要作用是使画面间的切换更自然，当素材本身衔接自然时，过多的视频过渡效果反而会造成累赘。用户在剪辑素材时，要根据需要添加合适的视频过渡效果，而不是为了添加而添加。

第5章
视频效果的应用

在处理视频素材时，适当的添加视频效果可以制作更具有吸引力的视频。通过使用视频效果，用户可以调整视频素材的显示效果，并使其呈现特殊的面貌，结合关键帧的使用，还可以制作动态的变化效果。本章将针对可添加的视频效果进行详细介绍。

Pr 5.1 视频效果的编辑

视频效果可以赋予视频不同的功能属性，帮助用户制作风格各异的视频。在Premiere软件中，用户可以在"效果"面板中找到要用的视频效果，在"效果控件"面板中对添加的视频效果进行编辑。下面对此进行介绍。

5.1.1 添加视频效果

在素材上添加视频效果主要有以下两种方式。
- 在"效果"面板中选中要添加的视频效果，拖放至"时间轴"面板的素材上。
- 选中"时间轴"面板中的素材，在"效果"面板中双击要添加的视频效果。

添加视频效果后，时间轴面板中素材上的FX徽章颜色会变为紫色，如图5-1所示。

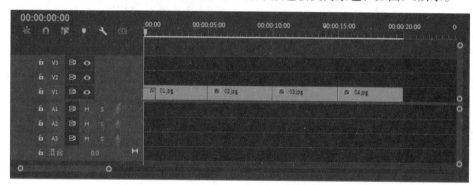

图 5-1

选中"时间轴"面板中的多个素材，再将视频效果拖曳至素材上或双击视频效果，可将视频效果应用至选中的多个素材。

知识点拨

FX徽章颜色不同，作用也不同，具体含义如表5-1所示。

表 5-1

颜色	含义
灰色	默认颜色
紫色	应用视频效果
黄色	更改固定效果（位置、不透明度、时间重映射）
绿色	更改固定效果（位置、不透明度、时间重映射）并应用视频效果
红色下画线	应用源剪辑效果

5.1.2 调整视频效果

添加视频效果后，用户可以对其进行设置，以满足使用的需要，该操作主要在"效果控件"面板中进行，如图5-2所示。该面板中部分选项作用如下。

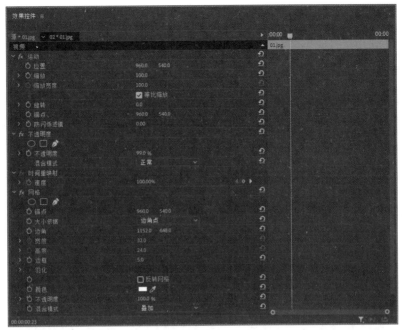

图 5-2

- **运动**：用于设置素材的位置、缩放、旋转等参数。
- **不透明度**：用于设置素材的不透明度，制作叠加、淡化等效果。
- **时间重映射**：用于设置素材的速度。
- **切换效果开关**：单击该按钮，将禁用相应的效果，此时按钮变为 状，"节目监视器"面板中该效果被隐藏。再次单击可重新启用该效果。
- **切换动画**：单击该按钮，将激活关键帧过程，在轨道中创建关键帧，两个及以上具有不同状态的关键帧之间将出现变化的效果。若在已有关键帧的情况下单击该按钮，将删除相应属性的所有关键帧。
- **添加/移除关键帧**：激活关键帧过程后出现该按钮，单击即可添加或移除关键帧。
- **重置效果**：单击该按钮，将重置当前选项为默认状态。

若想移除添加的效果，可以选中该效果后，按Delete键或BackSpace键删除，也可以单击"效果控件"面板的菜单按钮 ，在弹出的快捷菜单中执行"移除所选效果"命令，将其删除。

注意事项 若想删除所有的效果，可以在"效果控件"面板的快捷菜单中执行"移除效果"命令，或在"时间轴"面板中选中素材，右击，在弹出的快捷菜单中执行"删除属性"命令，打开"删除属性"对话框，如图5-3所示。在该对话框中选择要删除的属性，单击"确定"按钮，即可删除应用的效果，并使固定效果恢复至默认状态。

图 5-3

5.1.3 关键帧

帧是动画中最小单位的单幅影像画面，关键帧是指具有关键状态的帧，两个不同状态的关键帧之间就形成了动画效果。

1. 关键帧的添加与移除

关键帧可以帮助用户制作动画效果，用户可以在"效果控件"面板中进行添加或移除关键帧的操作。

选中"时间轴"面板中的素材，在"效果控件"面板中单击某一参数左侧的"切换动画"按钮◎，即可在时间线当前位置添加关键帧，移动时间线，调整参数或单击"添加/移除关键帧"按钮◎，可在当前位置继续添加关键帧，如图5-4所示。

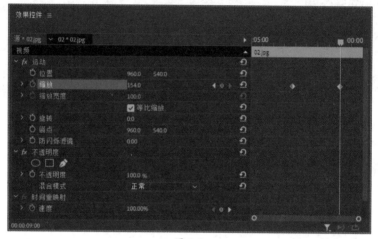

图 5-4

注意事项 在不改变关键帧插值的情况下，两个相邻关键帧之间的时间越长，变换速度越慢，时间越短，变换速度越快。

知识点拨

针对一些固定效果，如位置、缩放、旋转等，用户可以在添加第一个关键帧后，移动时间线，在"节目监视器"面板中双击素材进行调整，从而添加关键帧。

若要移除关键帧，可以选中关键帧后按Delete键，也可以移动时间线至要删除的关键帧处，单击该参数中的"添加/移除关键帧"按钮◎。

若要删除某一参数的所有关键帧，可以单击该参数左侧的"切换动画"按钮◎。

注意事项 按住Shift键在"效果控件"面板中移动时间线，可以使其移动至最近的关键帧处。

2. 关键帧插值

关键帧插值可以使关键帧之间的过渡平滑，变化更自然。在Premiere软件中，包括线性、贝塞尔曲线、自动贝塞尔曲线、连续贝塞尔曲线、定格、缓入和缓出7种关键帧插值命令，其作用如表5-2所示。

表 5-2

命令	图标	作用
线性	◆	创建关键帧之间的匀速变化
贝塞尔曲线	▨	创建自由变换的插值，用户可以手动调整方向手柄
自动贝塞尔曲线	◐	创建通过关键帧的平滑变化速率。关键帧的值更改后，"自动贝塞尔曲线"方向手柄也会发生变化，以保持关键帧之间的平滑过渡
连续贝塞尔曲线	▨	创建通过关键帧的平滑变化速率，且用户可以手动调整方向手柄
定格	◁	创建突然的变化效果，位于应用了定格插值的关键帧之后的图表显示为水平直线
缓入	▨	减慢进入关键帧的值变化
缓出	▨	逐渐加快离开关键帧的值变化

选中"效果控件"面板中的关键帧，右击，在弹出的快捷菜单中执行相应命令，即可应用插值效果，图5-5所示为执行"缓入""缓出"命令的效果。

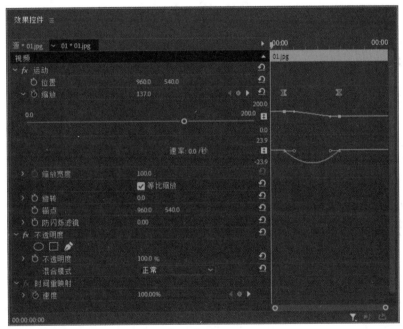

图 5-5

注意事项 添加关键帧插值后，用户也可以在"效果控件"面板中展开当前属性，在图表中调整手柄，设置关键帧变化速率。

3. 蒙版和跟踪效果

蒙版可以使应用的效果作用于特定的区域，制作独具特色的视觉效果。在Premiere软件中，用户可以创建"椭圆形蒙版" ◯、"4点多边形蒙版" ▣ 和"自由绘制贝塞尔曲线" ✎ 3种类型的蒙版。

选择"时间轴"面板中要进行蒙版的素材，在"效果控件"面板中单击要设置蒙版的效果下方的蒙版按钮 ◯▢✎ ，即可添加蒙版，如图5-6所示。此时画面效果如图5-7所示。"效果控件"面板中蒙版属性部分选项作用如下。

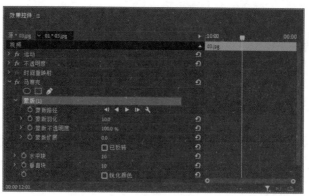

图 5-6

图 5-7

- **蒙版路径**：用于添加关键帧，设置跟踪效果。单击该选项中的不同按钮，可以设置不同的跟踪效果。
- **蒙版羽化**：用于柔化蒙版边缘。
- **蒙版不透明度**：用于调整蒙版的不透明度。
- **蒙版扩展**：用于扩展蒙版范围。
- **已反转**：选择该复选框，将反转蒙版范围。

创建蒙版后，用户可使用"选择工具" 在"节目监视器"面板中调整蒙版形状，使其更容易达到需要的效果。

知识点拨

选中蒙版后，在"节目监视器"面板中可以通过手柄设置蒙版的范围、羽化值等参数，如图5-8所示。

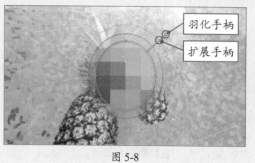

羽化手柄

扩展手柄

图 5-8

动手练 制作分屏效果

分屏效果是视频中常见的一种效果,它可以在同一画面中展现不同的动态视频,带来一种干练精致的美感。下面将通过关键帧等知识,介绍分屏效果的制作。

Step 01 新建项目和序列,导入本章素材文件"走路.mp4"和"工作.mp4",如图5-9所示。

图 5-9

Step 02 选择"走路.mp4"素材,将其拖曳至"时间轴"面板的V1轨道中,选择"工作.mp4"素材,将其拖曳至"时间轴"面板的V2轨道中,在弹出的"剪辑不匹配警告"对话框中单击"保持现有设置"按钮,将素材文件放至"时间轴"面板中,如图5-10所示。

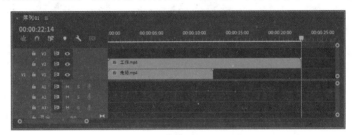

图 5-10

Step 03 选中V1和V2轨道中的素材,右击,在弹出的快捷菜单中执行"缩放为帧大小"命令,设置素材大小。移动时间线至00:00:05:00处,使用"剃刀工具"剪切V1和V2轨道中的素材,并删除右侧素材,如图5-11所示。

图 5-11

Step 04 在"效果"面板中搜索"线性擦除"视频效果,拖曳至V2轨道素材上。移动时间线至00:00:00:00处,在"效果控件"面板中设置"擦除角度"为60°,单击"过渡完成"参数左侧的"切换动画"按钮 ◎，添加关键帧，此时"节目监视器"面板中的预览效果如图5-12所示。

图 5-12

Step 05 移动时间线至00:00:01:00处，设置"过渡完成"参数为50%，软件将自动添加关键帧，此时"节目监视器"面板中的预览效果如图5-13所示。

图 5-13

Step 06 在"效果"面板中搜索"变换"视频效果，拖曳至V2轨道素材上，在"效果控件"面板中调整"变换"效果至"线性擦除"效果上方，单击"变换"效果中"位置"参数左侧的"切换动画"按钮 ◎，添加关键帧，并设置"位置"参数，此时"节目监视器"面板中的预览效果如图5-14所示。

图 5-14

Step 07 移动时间线至00:00:00:13处，单击"变换"效果中"位置"参数右侧的"重置参数"按钮 ，使其恢复原始数值，软件将自动添加关键帧，此时"节目监视器"面板中的预览效果如图5-15所示。

图 5-15

Step 08 移动时间线至00:00:00:00处，单击"基本图形"面板中的"新建图层"按钮 ，在弹出的快捷菜单中执行"矩形"命令，新建矩形，在"基本图形"面板中设置"切换动画的旋转"为60°，"填充"为白色，在"节目监视器"面板中设置其大小，如图5-16所示。

图 5-16

Step 09 此时，"时间轴"面板V3轨道中将自动出现绘制的图形素材。在"效果"面板中搜索"变换"视频效果，拖曳至V3轨道中的图形素材上，移动时间线至00:00:01:00处，单击"变换"效果中"位置"参数左侧的"切换动画"按钮 ，添加关键帧；移动时间线至00:00:00:00处，设置"变换"效果中的"位置"参数，使其从画面中消失，此时"节目监视器"面板中的预览效果如图5-17所示。

图 5-17

Step 10 选择V2轨道和V3轨道中的素材，右击，在弹出的快捷菜单中执行"嵌套"命令，打开"嵌套序列名称"对话框，设置"名称"为"右"，完成后单击"确定"按钮，新建嵌套序列如图5-18所示。

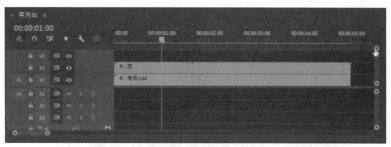

图 5-18

Step 11 在"效果"面板中搜索"变换"视频效果，拖曳至V2轨道中的嵌套序列上，移动时间线至00:00:03:00处，单击"变换"效果中"位置"参数左侧的"切换动画"按钮，添加关键帧；移动时间线至00:00:04:24处，设置"变换"效果中的"位置"参数，使其从画面中消失，此时"节目监视器"面板中的预览效果如图5-19所示。

图 5-19

Step 12 在"效果"面板中搜索"变换"视频效果，拖曳至V1轨道中的素材上，移动时间线至00:00:03:00处，单击"变换"效果中"位置"参数左侧的"切换动画"按钮，添加关键帧，设置"位置"参数，使其向左偏移，此时"节目监视器"面板中的预览效果如图5-20所示。

图 5-20

Step 13 移动时间线至00:00:03:24处，单击"变换"效果中"位置"参数右侧的"重置参数"按钮，使其恢复原始数值，软件将自动添加关键帧，此时"节目监视器"面板中预览效果如图5-21所示。

图 5-21

至此，分屏效果制作完成。移动时间线至初始位置，按空格键播放即可观看效果，如图5-22所示。

图 5-22

Pr 5.2　视频效果的使用

Premiere软件中包括多组内置的视频效果，通过这些效果，用户可以更便捷地处理素材，制作理想的视频。下面将对常用的视频效果组进行介绍。

5.2.1　变换

"变换"视频效果组中包括5种视频效果，主要用于帮助用户变换素材对象，使素材产生翻转、裁剪、羽化边缘等效果。

1. 垂直翻转

"垂直翻转"效果可以使素材发生垂直翻转。在"效果"面板中选中"垂直翻转"视频效果，拖曳至"时间轴"面板中要翻转的素材上，即可使其翻转，如图5-23、图5-24所示。

图 5-23

图 5-24

2. 水平翻转

　　"水平翻转"效果与"垂直翻转"效果类似，只是变为水平翻转素材。选中"水平翻转"效果，拖曳至"时间轴"面板中的素材上即可，如图5-25所示。

3. 羽化边缘

　　"羽化边缘"效果可以使素材边缘产生虚化的效果，从而使过渡更自然。将"羽化边缘"视频效果拖放至"时间轴"面板中的素材上，在"效果控件"面板中设置羽化参数，即可在"节目监视器"面板中看到效果，如图5-26所示。

图 5-25

图 5-26

4. 自动重构

　　"自动重构"效果可以智能识别视频中的动作，并针对不同的长宽比重构素材。将"自动重构"视频效果拖曳至"时间轴"面板中的素材上，在"效果控件"面板中可以对其参数进行设置，如图5-27所示。

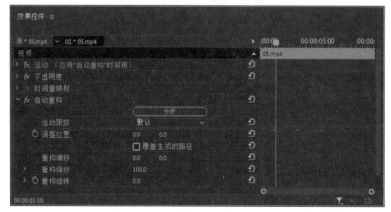

图 5-27

注意事项 "自动重构"视频效果主要用于序列设置与素材不匹配的情况，如将横版素材放置于竖版序列中，使用"自动重构"视频效果可以帮助用户识别视频中的对象，使其在画面中完整显示，如图5-28、图5-29所示。

图 5-28

图 5-29

知识点拨

除了"自动重构"视频效果外，用户还可以通过执行"序列"|"自动重构序列"命令，或选中"项目"面板中的序列，右击，在弹出的快捷菜单中执行"自动重构序列"命令，打开"自动重构序列"对话框对序列进行重构，如图5-30所示。

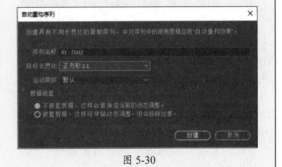
图 5-30

5. 裁剪

"裁剪"效果可以从画面的四个方向裁剪图像，使其仅保留部分图像。将"裁剪"视频效果拖曳至"时间轴"面板中的素材上，在"效果控件"面板中设置裁剪参数，即可在"节目监视器"面板中看到效果。图5-31所示为"裁剪"效果的参数设置。"裁剪"参数各选项作用如下。

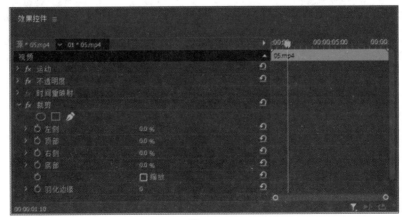
图 5-31

- **左侧/顶部/右侧/底部：** 用于设置各方向裁剪量。
- **缩放：** 选择该复选框，将缩放素材使其满画面显示。
- **羽化边缘：** 用于设置裁减后的边缘羽化量。

5.2.2 图像控制

"图像控制"视频效果组包括4种效果，主要用于处理素材中的特定颜色，使素材呈现特殊效果。

1. 颜色过滤

"颜色过滤"视频效果可以滤掉指定颜色之外的颜色，使其他颜色呈灰色显示。将"颜色过滤"视频效果拖曳至"时间轴"面板中的素材上，在"效果控件"面板中设置要保留的颜色即可，图5-32、图5-33所示为设置前后的效果。

图 5-32

图 5-33

2. 颜色替换

"颜色替换"视频效果可以替换素材中指定的颜色，保持其他颜色不变。将"颜色替换"视频效果拖曳至"时间轴"面板中的素材上，在"效果控件"面板中设置要替换的颜色和替换后的颜色即可，图5-34、图5-35所示为设置前后的效果。

图 5-34

图 5-35

3. 灰度系数校正

"灰度系数校正"视频效果可以使图像变暗或变亮，而不改变图像亮部。将"灰度颜色校正"视频效果拖曳至"时间轴"面板中的素材上，在"效果控件"面板中设置灰度系数即可，图5-36、图5-37所示为设置前后的效果。

图 5-36

图 5-37

4. 黑白

"黑白"视频效果可以去除素材图像的颜色,使其变为黑白图像。将"黑白"视频效果拖曳至"时间轴"面板中的素材上,即可在"节目监视器"面板中预览效果,图5-38、图5-39所示为添加前后的效果。

图 5-38

图 5-39

5.2.3 实用程序

"实用程序"视频效果组中仅包括"Cineon转换器"一种效果,该效果可以转化素材的色彩。将"Cineon转换器"视频效果拖曳至"时间轴"面板中的素材上,在"效果控件"面板中对其参数进行设置即可,图5-40、图5-41所示为设置前后的效果。

图 5-40

图 5-41

5.2.4 扭曲

"扭曲"视频效果组包括12种效果,该组视频效果主要通过几何扭曲变形素材,使画面中的素材产生变形。

1. 镜头扭曲

"镜头扭曲"视频效果可以使素材在水平和垂直方向上发生扭曲。将"镜头扭曲"视频效果拖曳至"时间轴"面板中的素材上，在"效果控件"面板中对其参数进行设置即可，图5-42、图5-43所示为设置前后的效果。

图 5-42

图 5-43

2. 偏移

"偏移"视频效果可以使素材在水平或垂直方向上产生位移。将"偏移"视频效果拖曳至"时间轴"面板中的素材上，在"效果控件"面板中设置参数即可。

3. 变形稳定器

"变形稳定器"视频效果可以消除素材中因摄像机移动造成的抖动，使素材流畅稳定。

4. 变换

"变换"视频效果可以通过设置使素材对象的位置、大小、角度、不透明度等参数发生变化。图5-44所示为"变换"效果的参数设置。其中，部分选项作用如下。

图 5-44

- **位置**：用于设置素材在"节目监视器"面板中的位置。
- **缩放高度/缩放宽度**：用于分别设置素材高度和宽度的缩放值。选择"等比缩放"复选框后，将合并为"缩放"选项。
- **倾斜**：用于设置素材倾斜。数值越大，倾斜越明显。
- **倾斜轴**：用于设置素材倾斜时的轴。

- **旋转**：用于设置素材的旋转角度。
- **不透明度**：用于设置素材的不透明度。

5. 放大

"放大"视频效果类似于将一个放大镜置于图像上，使其局部进行放大。将"放大"视频效果拖曳至"时间轴"面板中的素材上，在"效果控件"面板中可以设置其形状、放大率、大小等参数。图5-45所示为设置"放大"视频效果后的素材。

6. 旋转扭曲

"旋转扭曲"视频效果可以使"节目监视器"面板中显示的素材沿设置的旋转中心进行旋转变形，如图5-46所示。

| 图 5-45 | 图 5-46 |

用户可以在"效果控件"面板中对旋转扭曲的角度、半径、中心进行设置。

7. 果冻效应修复

"果冻效应修复"视频效果可以修复由于时间延迟导致的录制不同步的果冻效应扭曲。

8. 波形变形

"波形变形"视频效果可以使素材产生波纹，制作变形的效果。将"波形变形"视频效果拖曳至"时间轴"面板中的素材上，在"效果控件"面板中可以设置其波形类型、波形尺寸等参数，如图5-47所示。

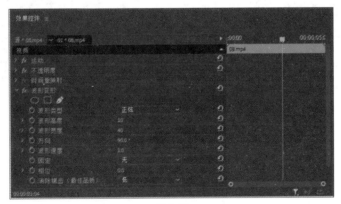

图 5-47

选择不同的"波形类型"制作的波纹效果也有所不同，图5-48、图5-49所示为选择"正弦"和"杂色"的效果。

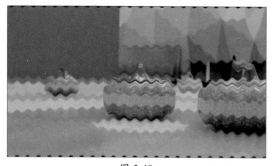

图 5-48

图 5-49

9. 湍流置换

"湍流置换"视频效果可以使素材在多个方向上发生变形,用户可以使用该效果制作扭动的文字效果。

10. 球面化

"球面化"视频效果可以使图像的局部变形,制作类似于球面凸出的效果。将"球面化"视频效果拖曳至"时间轴"面板中的素材上,在"效果控件"面板中可以设置其半径、球面中心等参数。图5-50所示为设置"球面化"视频效果后的素材。

11. 边角定位

"边角定位"视频效果可以通过改变素材的四个边角位置使素材发生变形。将"边角定位"视频效果拖曳至"时间轴"面板中的素材上,在"效果控件"面板中设置四个边角的位置即可。

12. 镜像

"镜像"视频效果可以沿指定的分割线镜像素材,使其对称翻转。将"镜像"视频效果拖曳至"时间轴"面板中的素材上,在"效果控件"面板中设置反射中心和反射角度即可。图5-51所示为设置"镜像"视频效果后的素材。

图 5-50

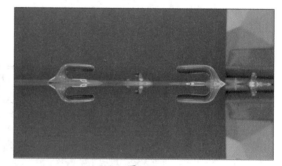

图 5-51

5.2.5 杂色与颗粒

"杂色与颗粒"视频效果组的效果仅包括"杂色"一种效果,该效果可以柔和处理图像画面,在图像上添加杂色颗粒。将"杂色"视频效果拖曳至"时间轴"面板中的素材上,在"效果控件"面板中设置杂色数量,即可在素材中添加杂色,如图5-52、图5-53所示。

图 5-52	图 5-53

若想添加黑白杂色，在"效果控件"面板中取消选择"使用颜色杂色"复选框即可。

5.2.6 模糊与锐化

"模糊与锐化"视频效果组包括6种视频效果。该组视频效果主要通过调节素材图像颜色间的差异，柔化图像或使其纹理更清晰。

1. 相机模糊

"相机模糊"视频效果可以模拟相机失焦时的模糊效果。将"相机模糊"视频效果拖曳至"时间轴"面板中的素材上，即可在"节目监视器"面板中预览模糊效果，如图5-54、图5-55所示。用户还可以在"效果控件"面板中设置模糊量，以得到需要的模糊效果。

图 5-54	图 5-55

2. 减少交错闪烁

"减少交错闪烁"视频效果可以减少素材图像中的交错闪烁，制作类似于"方向模糊"的模糊效果。将"减少交错闪烁"视频效果拖曳至"时间轴"面板中的素材上，在"效果控件"面板中设置柔和度参数即可，图5-56所示为设置"减少交错闪烁"视频效果后的素材。

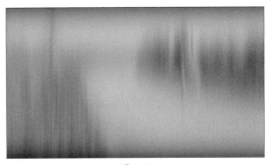

图 5-56

3. 方向模糊

"方向模糊"视频效果可以使素材图像在指定的方向上以指定的强度产生模糊的效果。将"方向模糊"视频效果拖曳至"时间轴"面板中的素材上，在"效果控件"面板中设置方向和模糊长度参数即可。图5-57所示为设置"方向模糊"视频效果后的素材。

图 5-57

4. 钝化蒙版

"钝化蒙版"视频效果可以提高素材画面中相邻像素的对比程度，从而使素材图像变清晰。将"钝化蒙版"视频效果拖曳至"时间轴"面板中的素材上，在"效果控件"面板中设置参数即可。

5. 锐化

"锐化"视频效果主要通过增加图像颜色间的对比度，使素材图像变清晰。将"锐化"视频效果拖曳至"时间轴"面板中的素材上，在"效果控件"面板中设置参数即可。图5-58所示为设置"锐化"视频效果后的素材。

6. 高斯模糊

"高斯模糊"视频效果是非常常用的一种模糊效果，该效果可以柔化素材图像，降低图像细节，产生模糊的效果。将"高斯模糊"视频效果拖曳至"时间轴"面板中的素材上，在"效果控件"面板中设置模糊度和模糊尺寸参数即可。图5-59所示为设置"高斯模糊"视频效果后的素材。

图 5-58

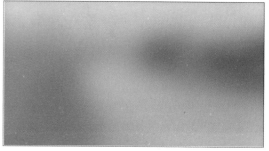

图 5-59

在"效果控件"面板中，用户还可以设置单独在水平或垂直方向上进行模糊；若选择"重复边缘像素"复选框，可以避免模糊造成的边缘缺失的问题。

▌5.2.7　生成

"生成"视频效果组包括4种视频效果。该组视频效果主要用于在素材画面中添加一些特殊的效果，如渐变、镜头光晕等。

1. 四色渐变

"四色渐变"视频效果可以在素材画面中生成四种颜色的渐变，用户可以在"效果控件"面板中调整其不透明度和混合模式，制作别具新意的效果。将"四色渐变"视频效果拖曳至"时间轴"面板中的素材上，在"效果控件"面板中设置各点颜色、位置等参数即可，如图5-60、图5-61所示。

图 5-60 图 5-61

2. 渐变

"渐变"视频效果可以在素材画面中添加双色渐变的效果。将"渐变"视频效果拖曳至"时间轴"面板中的素材上,在"效果控件"面板中进行设置即可。

3. 镜头光晕

"镜头光晕"视频效果可以在素材画面中模拟摄像机镜头拍摄的强光折射效果。将"镜头光晕"视频效果拖曳至"时间轴"面板中的素材上,在"效果控件"面板中进行设置即可。图5-62所示为设置"镜头光晕"视频效果后的素材。

4. 闪电

"闪电"视频效果可以在素材画面中生成闪电。将"闪电"视频效果拖曳至"时间轴"面板中的素材上,在"效果控件"面板中进行设置即可。图5-63所示为设置"闪电"视频效果后的素材。

图 5-62 图 5-63

5.2.8 视频

"视频"效果组包括两种视频效果:"SDR遵从情况"和"简单文本"。该组视频效果可以在素材图像中添加简单的文本信息或调整图像亮度。

1. SDR 遵从情况

"SDR遵从情况"视频效果可以调整素材画面的亮度和对比度。将"SDR遵从情况"视频效果拖曳至"时间轴"面板中的素材上,在"效果控件"面板中进行设置即可,如图5-64、图5-65所示。

图 5-64

图 5-65

2. 简单文本

　　"简单文本"视频效果可以在素材
画面中添加文字信息。添加该视频效
果后，在"效果控件"面板中可以对
其参数进行设置，如图5-66所示。

图 5-66

　　单击"编辑文本"按钮可打开相应的对话框，对文本内容进行设置。

注意事项 该效果不能对字体等参数进行设置。

5.2.9　调整

　　"调整"视频效果组包括4种效果，该组视频效果主要用于修复原始素材在曝光、色彩等方面的不足，或制作特殊的色彩效果。

1. 提取

　　"提取"视频效果可以去除素材图像中的颜色，制作黑白影像的效果。

2. 色阶

　　"色阶"视频效果可以通过调整素材图像的RGB通道色阶，改变素材图像的显示效果。添加
该视频效果后，在"效果控件"面板中分别设置RGB通道、红通道、绿通道以及蓝通道的参数
即可，如图5-67、图5-68所示。

图 5-67

图 5-68

设置"色阶"视频效果时，用户也可以单击"效果控件"面板中的"设置"按钮，打开"色阶设置"对话框进行设置，如图5-69所示。

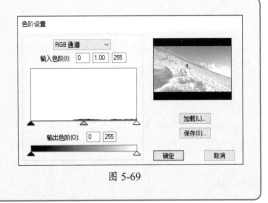

图 5-69

3. ProcAmp

"ProcAmp"视频效果可以调节素材图像整体的亮度、对比度、饱和度等参数。添加该视频效果后，在"效果控件"面板中设置参数即可，"ProcAmp"效果的参数设置如图5-70所示。

图 5-70

4. 光照效果

"光照效果"视频效果可以模拟光照打在素材画面中的效果。

▎5.2.10 过时

"过时"视频效果组中的效果是Premiere软件旧版本中作用较好的、被保留下来的效果。这些效果的作用各不相同，下面将针对一些常用的效果进行介绍。

1. RGB 曲线

"RGB曲线"视频效果可以通过调节不同通道的曲线设置素材图像的显示效果。添加该视频效果后，在"效果控件"面板中设置曲线即可。图5-71、图5-72所示为添加前后的效果。

图 5-71

图 5-72

注意事项 该效果类似于Photoshop软件中的"曲线"调整命令，用户根据平面调色的经验分别设置素材图像的RGB通道、红通道、绿通道及蓝通道的曲线。

2. 三向颜色校正器

"三向颜色校正器"视频效果可以通过色轮调整素材图像的阴影、高光和中间调等参数。添加该视频效果后，在"效果控件"面板中进行设置即可。图5-73所示为设置"三向颜色校正器"视频效果后的素材。

3. 书写

"书写"视频效果可以模拟制作书写的效果。该效果主要通过创建画笔运动的关键帧动画并记录运动路径实现。

> **注意事项** 应用"书写"视频效果时，可将素材嵌套，以减轻软件运算量，避免卡顿。

4. 亮度曲线

"亮度曲线"视频效果可以通过调整曲线改变素材图像的亮度。添加该效果后，在"效果控件"面板中设置参数即可。图5-74所示为设置"亮度曲线"视频效果后的素材。

图 5-73　　　　　　　　　　　　　　　　　　图 5-74

5. 保留颜色

"保留颜色"视频效果可以只保留素材图像中的一种颜色，从而突出主体。添加该效果后，用户可以在"效果控件"面板中设置要保留的颜色，并对其他颜色的脱色量进行设置。图5-75所示为"保留颜色"效果的参数设置。

图 5-75

6. 圆形

"圆形"视频效果可以在素材中生成一个圆形或圆环，帮助用户制作特殊的效果。添加该效果后，用户可以在"效果控件"面板中对圆环的大小、位置、边缘厚度、颜色等进行设置，如图5-76所示。

图 5-75

7. 复合运算

"复合运算"视频效果可以通过数学运算的方式合成当前层和指定层的素材图像。添加该效果后，在"效果控件"面板中对指定层、运算符等参数进行设置即可。图5-77所示为设置"复合运算"视频效果后的素材。

8. 径向擦除

"径向擦除"视频效果可以围绕指定点擦除素材，露出下面轨道中的素材图像。该效果结合关键帧可以制作擦除动画的效果。

9. 时间码

"时间码"视频效果可以在素材画面中添加该素材的动态时间码。通过设置，用户可以使用该效果制作进度条或录制计时的效果。

10. 棋盘

"棋盘"视频效果可以在素材画面中生成棋盘状图案。用户可以在"效果控件"面板中对棋盘格的大小、颜色、混合模式等参数进行设置。图5-78所示为设置"棋盘"视频效果后的素材。

图 5-77　　　　　　　　　　　　　　　　图 5-78

11. 纯色合成

"纯色合成"视频效果主要通过在当前图层中添加纯色，再设置其不透明度、混合模式等参数制作效果。图5-79所示为"纯色合成"效果的参数设置。

图 5-79

12. 网格

"网格"视频效果可以在素材图像中生成网格。添加该效果后，用户可以在"效果控件"面板中设置网格大小、边框尺寸、颜色等参数。图5-80所示为"网格"效果的参数设置。

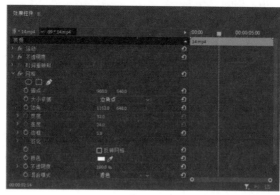

图 5-80

13. 通道混合器

"通道混合器"视频效果可以调整RGB各通道的参数，从而影响素材图像的显示效果。添加该效果后，在"效果控件"面板中设置各通道参数即可。图5-81所示为设置"通道混合器"视频效果后的素材。

14. 阴影 / 高光

"阴影/高光"视频效果可以调整素材图像的阴影和高光部分，从而改变素材图像的显示效果。添加该效果后，在"效果控件"面板中设置参数即可。

15. 颜色平衡（HLS）

"颜色平衡（HLS）"视频效果可以通过调整素材图像中的色相、亮度和饱和度等参数调整图像色彩。添加该效果后，在"效果控件"面板中设置色相、亮度和饱和度参数即可。图5-82所示为设置"颜色平衡（HLS）"视频效果后的素材。

图 5-81

图 5-82

5.2.11 过渡

"过渡"视频效果组包括3种视频效果。该组视频效果可以结合关键帧制作过渡变化的动画效果。

1. 块溶解

"块溶解"视频效果可以制作素材图像溶解消失的效果，从而露出下面轨道中的素材图像。添加该效果后，用户可以在"效果控件"面板中设置过渡完成的百分比、块的尺寸等参数。图5-83、图5-84所示为添加前后的效果。

图 5-83

图 5-84

2. 渐变擦除

"渐变擦除"视频效果可以基于另一视频轨道中像素的明亮度使素材消失。添加该效果后，在"效果控件"面板中设置过渡完成百分比、过渡柔和度、渐变图层等参数即可。图5-85所示为设置"渐变擦除"视频效果后的素材。

3. 线性擦除

"线性擦除"视频效果可以沿指定的方向擦除当前素材。添加该效果后，在"效果控件"面板中设置过渡完成百分比、擦除角度及羽化值即可。图5-86所示为设置"线性擦除"视频效果后的素材。

图 5-85

图 5-86

5.2.12　透视

"透视"视频效果组包括"基本3D"和"投影"两种视频效果。该组视频效果可以帮助用户制作空间中透视的效果或添加素材投影。

1. 基本 3D

"基本3D"视频效果可以模拟平面图像在空间中运动产生透视的效果。添加该效果后，用户可以在"效果控件"面板中设置旋转、倾斜、与图像的距离等参数，从而作出透视的效果。图5-87、图5-88所示为添加前后的效果。

图 5-87

图 5-88

2. 投影

"投影"视频效果可以为素材图像添加投影。添加该效果后，可以在"效果控件"面板中设置投影的颜色、不透明度、方向、距离等参数，如图5-89所示。从而制作合适的投影效果。

图 5-89

5.2.13　通道

"通道"视频效果组仅包括"反转"一种效果，该效果可以反转素材图像的颜色，使其呈现类似负片的效果。添加该效果后，即可在"节目监视器"面板中预览效果，如图5-90、图5-91所示。用户也可以在"效果控件"面板中设置参数，得到更契合的负片效果。

图 5-90

图 5-91

5.2.14　键控

"键控"视频效果组包括5种视频效果。该组中的视频效果既可以清除图像中的指定内容，也可以作出两个重叠素材的叠加效果，常用于制作视频抠像或合成。

1. Alpha 调整

"Alpha调整"视频效果可以将上层图像中的Alpha通道设置遮罩叠加效果。添加该效果后，在"效果控件"面板中设置参数即可，如图5-92所示。

图 5-92

其中，选择"忽略Alpha"复选框将使素材透明部分变为不透明，如图5-93所示；选择"反转Alpha"复选框将反转透明与不透明区域，如图5-94所示；选择"仅蒙版"复选框将保留不透明区域，使其变为蒙版。

<table>
<tr><td>图 5-93</td><td>图 5-94</td></tr>
</table>

图 5-93　　　　　　　　　　　　　　　　图 5-94

注意事项 该效果应用于透明背景素材上效果较为明显。

2. 亮度键

"亮度键"视频效果可以利用素材图像的亮暗对比,抠除图像的亮部或暗部,保留另一部分。添加该效果后,在"效果控件"面板中设置阈值和屏蔽度参数即可。

3. 超级键

"超级键"视频效果可以指定图像中的颜色范围生成遮罩,并进行精细设置。添加该效果后,在"效果控件"面板中设置主要颜色,并根据需要设置其他参数即可。图5-95、图5-96所示为添加前后的效果。

图 5-95　　　　　　　　　　　　　　　　图 5-96

4. 轨道遮罩键

"轨道遮罩键"视频效果可以通过上层轨道中的图像遮罩当前轨道中的素材。添加该效果后,在"效果控件"面板中设置遮罩轨道等参数即可。图5-97所示为设置"轨道遮罩键"视频效果后的素材。

5. 颜色键

"颜色键"视频效果可以清除素材图像中指定的颜色。添加该效果后,在"效果控件"面板中设置颜色、容差等参数即可。图5-98所示为设置"颜色键"视频效果后的素材。

图 5-97　　　　　　　　　　　　　　　　图 5-98

5.2.15 颜色校正

"颜色校正"视频效果组包括7种效果。该组视频效果可以帮助用户校正素材图像的颜色，使素材画面更舒适。

1. ASC CDL

"ASC CDL"视频效果主要通过调整素材图像的红、绿、蓝参数及饱和度校正素材颜色。添加该效果后，在"效果控件"面板中设置参数即可。图5-99、图5-100所示为调整前后的效果。

图 5-99

图 5-100

2. 亮度与对比度

"亮度与对比度"视频效果可以调整素材图像的亮度和对比度。添加该效果后，在"效果控件"面板中设置参数即可。

3. Lumetri 颜色

"Lumetri颜色"视频效果是一个综合性的校正颜色的效果，添加该效果后，用户可以应用Lumetri Looks 颜色分级引擎链接文件中的色彩校正预设项目校正图像色彩。

4. 广播颜色

"广播颜色"视频效果可以调出用于广播级别即电视输出的颜色。添加该效果后，用户可以在"效果控件"面板中设置广播区域设置、颜色安全方式以及最大信号幅度等参数。

知识点拨

在Premiere软件中，用户还可以通过专门的"Lumetri颜色"面板进行调色，如图5-101所示。

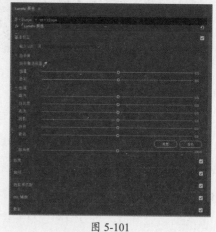

图 5-101

5. 色彩

"色彩"视频效果可以将相等的图像灰度范围映射到指定的颜色，即在图像中将阴影映射到一个颜色，高光映射到另一个颜色，而中间调映射到两个颜色之间，图5-102所示为设置"色彩"视频效果后的素材。该效果类似于Photoshop软件中的"渐变映射"调整命令。

6. 视频限制器

"视频限制器"视频效果可以限制素材图像的亮度和颜色，使其满足广播级标准。

7. 颜色平衡

"颜色平衡"视频效果可以分别调整素材图像阴影、中间调和高光中RGB颜色所占的量来调整图像色彩。添加该效果后，在"效果控件"面板中进行调整即可。图5-103所示为设置"颜色平衡"视频效果后的素材。

图 5-102

图 5-103

5.2.16 风格化

"风格化"视频效果组包括9种效果。该组视频效果可以艺术化地处理素材图像，使其形成独特的视觉效果。

1. Alpha 发光

"Alpha发光"视频效果可以将含有Alpha通道的素材边缘向外生成单色或双色过渡的发光效果。添加该效果后，在"效果控件"面板中设置发光值、亮度、起始颜色、结束颜色等参数即可。图5-104、图5-105所示为添加前后的效果。

图 5-104

图 5-105

2. 复制

"复制"视频效果可以复制并平铺素材图像。用户可以在"效果控件"面板中设置平铺的数量。图5-106所示为设置"复制"视频效果后的素材。

3. 彩色浮雕

"彩色浮雕"视频效果可以在素材图像中作出彩色浮雕的效果。用户可以在"效果控件"面板中对浮雕的方向、起伏、对比度等参数进行设置。

4. 查找边缘

"查找边缘"视频效果可以查找素材图像中对比度强烈的边界，并对其描边，制作线条图效果。添加该效果后，即可在"节目监视器"面板中预览效果，如图5-107所示。用户也可以在"效果控件"面板中设置其与原始素材图像混合或反转的效果。

图 5-106

图 5-107

知识点拨

该效果类似于Photoshop软件中的"查找边缘"滤镜。

5. 画笔描边

"画笔描边"视频效果可以模拟画笔绘图的效果，得到类似于油画的图像。添加该效果后，用户可以在"效果控件"面板中设置描边角度、画笔大小等参数，从而得到满意的绘画效果，如图5-108所示。

6. 粗糙边缘

"粗糙边缘"视频效果可以将素材图像的边缘粗糙化，得到特殊的边缘效果。添加该效果后，用户可以在"效果控件"面板中设置描边缘、边框等参数，从而使图像边缘更符合需要，如图5-109所示。

图 5-108

图 5-109

7. 色调分离

"色调分离"视频效果可以简化素材图像中有丰富色阶渐变的颜色，从而让图像呈现木刻版画或卡通画的效果。添加该效果后，在"效果控件"面板中设置级别参数即可，其中，级别值越大，色彩变化越轻微；级别值越小，色彩变化越强烈，如图5-110所示。

8. 闪光灯

"闪光灯"视频效果可以制作播放闪烁的效果。添加该效果后，播放视频即可预览效果，用户还可以在"效果控件"面板中对闪光灯颜色、持续时间、周期等参数进行设置,以便更精准地控制闪光灯闪烁。

9. 马赛克

"马赛克"视频效果可以将素材图像分解成多个小方块,模拟制作马赛克图案的效果。该效果可以结合蒙版使用,完成日常生活中所说的"打码"操作。如图5-111所示为设置"马赛克"视频效果后的素材。

图 5-110

图 5-111

动手练 制作炫酷的描边弹出效果

在观看视频的过程中,常常可以看到一些特别的视频效果,这些效果可以增加视频的吸引力,给读者带来难忘的视觉体验。下面将结合"查找边缘""变换"等视频效果的应用,制作炫酷的描边弹出效果。

Step 01 新建项目,导入本章素材文件"虎.mp4"。选择"虎.mp4",拖曳至"时间轴"面板中,软件将根据素材自动创建序列,如图5-112所示。

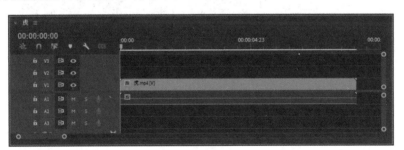

图 5-112

Step 02 选中"时间轴"面板中的素材,右击,在弹出的快捷菜单中执行"取消链接"命令,取消音视频素材链接并删除音频素材,如图5-113所示。

图 5-113

Step 03 单击"项目"面板中的"新建项"按钮■，在弹出的快捷菜单中执行"调整图层"命令，打开"调整图层"对话框，保持默认设置后单击"确定"按钮，新建调整图层。移动时间线至00:00:02:00处，将"调整图层"素材拖曳至"时间轴"面板的V2轨道中，调整其持续时间为00:00:03:00，如图5-114所示。

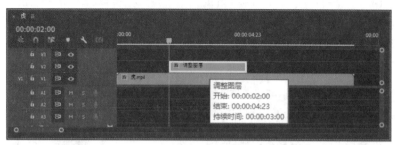

图5-114

Step 04 在"效果"面板中搜索"查找边缘"视频效果，拖曳至V2轨道素材上，在"效果控件"选择"反转"复选框，并调整"混合模式"为变亮，在"节目监视器"面板中的预览效果如图5-115所示。

图5-115

Step 05 在"效果"面板中搜索"变换"视频效果，拖曳至V2轨道素材上，移动时间线至00:00:02:00处，在"效果控件"面板中选择"等比缩放"复选框，单击"变换"效果中"缩放"参数左侧的"切换动画"按钮■，添加关键帧，在"节目监视器"面板中的预览效果如图5-116所示。

图5-116

Step 06 移动时间线至00:00:02:14处，在"效果控件"面板中设置"变换"效果中的"缩放"参数为120，软件将自动添加关键帧，在"节目监视器"面板中的预览效果如图5-117所示。

图 5-117

Step 07 移动时间线至00:00:03:00处，在"效果控件"面板中设置"变换"效果中的"缩放"参数为100，软件将自动添加关键帧，在"节目监视器"面板中的预览效果如图5-118所示。

图 5-118

Step 08 移动时间线至00:00:04:00处，在"效果控件"面板中设置"变换"效果中的"缩放"参数为140，软件将自动添加关键帧，在"节目监视器"面板中的预览效果如图5-119所示。

图 5-119

Step 09 移动时间线至00:00:04:12处，在"效果控件"面板中设置"变换"效果中的"缩放"参数为100，软件将自动添加关键帧，在"节目监视器"面板中的预览效果如图5-120所示。

图 5-120

Step 10 选中"效果控件"面板中的关键帧，右击，在弹出的快捷菜单中执行"缓入"命令和"缓出"命令。移动时间线至00:00:04:12处，在"效果控件"面板中单击"不透明度"效果中的"不透明度"参数左侧的"切换动画"按钮 ，添加关键帧；移动时间线至00:00:05:00处，设置"不透明度"参数为0%，软件将自动添加关键帧，如图5-121所示。

图 5-121

至此，完成炫酷的描边弹出效果的制作。移动时间线至初始位置，按空格键播放即可观看效果，如图5-122所示。

图 5-122

案例实战：制作新闻播放效果

影视剧中常常使用绿幕素材，以便更好地进行抠图等操作。下面将结合"超级键""偏移"等视频效果，制作新闻播放效果。

Step 01 新建项目和序列，导入本章素材文件"新闻背景.mp4"和"打字.mov"，如图5-123所示。

Step 02 选择"新闻背景.mp4"素材，将其拖曳至"时间轴"面板的V4轨道中，在弹出的"剪辑不匹配警告"对话框中单击"保持现有设置"按钮，右击，在弹出的快捷菜单中执行"取消链接"命令，取消链接并删除音频素材，如图5-124所示。

图 5-123

图 5-124

Step 03 选择"打字.mov"素材，将其拖曳至"时间轴"面板的V1轨道中。移动时间线至V1轨道素材末端，选择"剃刀工具" ，在V4轨道时间线处单击剪切素材，并删除第2段素材，如图5-125所示。

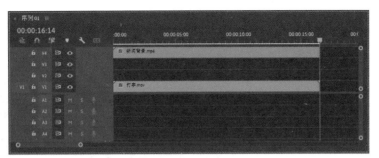

图 5-125

Step 04 在"效果"面板中搜索"超级键"视频效果，拖曳至V4轨道素材上，在"效果控件"面板中单击"超级键"效果中的"主要颜色"参数右侧的"吸管工具" ![icon]，在"节目监视器"面板中的绿色区域单击，去除绿幕，效果如图5-126所示。

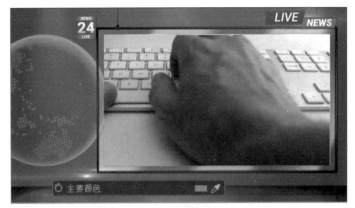

图 5-126

Step 05 在"效果"面板中搜索"变换"视频效果，拖曳至V1轨道素材上，在"效果控件"面板中调整"位置"和"缩放"参数，将其缩小，在"节目监视器"面板中的预览效果如图5-127所示。

图 5-127

Step 06 移动时间线至起始处，在"基本图形"面板中单击"新建图层"按钮 ![icon]，在弹出的快捷菜单中执行"矩形"命令，新建矩形，使用"选择工具" ![icon] 在"节目监视器"面板中调整矩形大小，在"基本图形"面板中设置其"填充"为黑色，"不透明度"为60%，效果如图5-128所示。

图 5-128

Step 07 在"时间轴"面板中移动矩形素材至V2轨道中，并调整其持续时间与V1轨道素材一致，如图5-129所示。

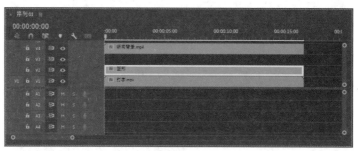

图 5-129

Step 08 取消选择素材。在"基本图形"面板中单击"新建图层"按钮圖，在弹出的快捷菜单中执行"文本"命令，新建文本图层，在"基本图形"面板中双击，使"节目监视器"面板中的文字进入可编辑状态，设置其"切换动画的比例"为60，输入文字，如图5-130所示。

图 5-130

Step 09 在"时间轴"面板中移动文字素材至V3轨道中，并调整其持续时间与V1轨道素材一致，如图5-131所示。

图 5-131

Step 10 在"效果"面板中搜索"偏移"视频效果，拖曳至V3轨道素材上。移动时间线至起始位置，在"效果控件"面板中单击"偏移"效果"将中心移位至"参数左侧的"切换动画"按钮，添加关键帧，并设置"将中心移位至"参数，此时"节目监视器"面板中的效果如图5-132所示。

图 5-132

Step 11 移动"时间线"至素材末端，单击"将中心移位至"参数右侧的"重置参数"按钮，"将中心移位至"参数将恢复原始数值，并自动添加关键帧，此时"节目监视器"面板中的效果如图5-133所示。

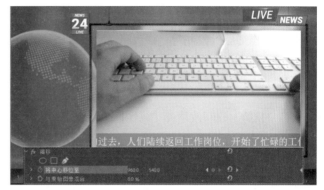

图 5-133

至此，新闻播放效果制作完成。移动时间线至初始位置，按空格键播放即可观看效果，如图5-134所示。

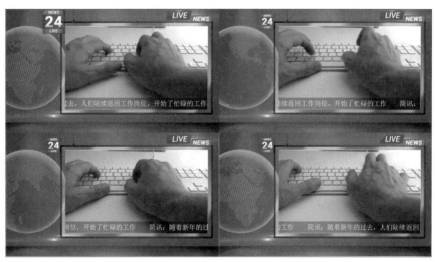

图 5-134

新手答疑

1. Q: 什么是外挂视频特效？常用的有哪些？

A: 外挂视频特效是指第三方提供的插件特效，一般需要安装。用户可以通过安装使用不同的外挂视频特效制作Premiere软件自身不易制作或无法实现的某些特效。常用的Premiere软件视频外挂效果包括红巨人调色插件、红巨星粒子插件、人像磨皮插件Beauty Box、蓝宝石特效插件系列GenArts Sapphire等，用户可以根据需要安装不同的外挂视频特效。

2. Q: 在处理素材时，想要遮挡部分商标怎么办？

A: 在Premiere软件中，若想遮挡部分内容，可以通过结合"马赛克"视频效果、关键帧及蒙版实现。首先为遮挡内容所在的素材添加"马赛克"视频效果，通过"效果控件"面板添加蒙版，并对"蒙版路径"参数添加关键帧，根据时间变化进行跟踪，再对部分关键帧进行调整，即可制作动态的遮挡效果。

3. Q: 若想制作从左至右画面逐渐消失的效果，可以通过什么视频效果实现？

A: "裁剪"视频效果和"线性擦除"视频效果均可。

4. Q: 怎么将常用视频效果单放在一个组中？

A: 在"效果"面板中单击"新建自定义素材箱"按钮，在"效果"面板中新建素材箱，将常用的效果拖曳至新建的素材箱中，即可在素材箱中存放该效果的副本。若想删除自定义素材箱，可以选中后单击"删除自定义项目"按钮，或按Delete键。

5. Q: 同一素材同一视频效果只能应用一次吗？

A: 不是，用户可以多次应用同一效果，而每次使用不同设置，可以作出更复杂华丽的效果。

6. Q: 怎么将一个素材上的效果复制到另一个素材上去？

A: 选中源素材，在"效果控件"面板中选中要复制的效果，右击，在弹出的快捷菜单中执行"复制"命令，选中目标素材，在"效果控件"面板中右击，在弹出的快捷菜单中执行"粘贴"命令，即可复制选中的效果。如果效果包括关键帧，这些关键帧将出现在目标素材中的对应位置，从目标素材的起始位置算起。如果目标素材比源素材短，将在超出目标素材出点的位置粘贴关键帧。

用户也可以在"时间轴"面板中选中源素材，右击，在弹出的快捷菜单中执行"复制"命令，选中目标素材，右击，在弹出的快捷菜单中执行"粘贴属性"命令，打开"粘贴属性"对话框选择要粘贴的属性，单击"确定"按钮复制效果。

第6章
音频效果的制作

声音在影视作品中起着至关重要的作用，它可以帮助创作者烘托影片氛围、传递情感、控制影片的节奏等。在影视后期制作中，创作者需要结合视频对声音进行处理，以创造良好的视听体验。

声音是影视作品中非常重要的元素之一，它可以烘托视频的氛围与情感，使视频更真实。在Premiere软件中，用户可以为音频素材添加多种效果，以满足使用的需要。

6.1.1 振幅与压限

"振幅与压限"音频效果组包括10种音频效果。该组音频效果可以对音频的振幅进行处理，避免出现较低或较高的声音。

1. 动态

"动态"音频效果可以控制一定范围内音频信号的增强或减弱。该效果包括4部分：自动门、压缩程序、扩展器和限幅器。添加该音频效果后，在"效果控件"面板中单击"编辑"按钮，即可打开"剪辑效果编辑器-动态"对话框进行设置，如图6-1所示。该对话框中各区域作用如下。

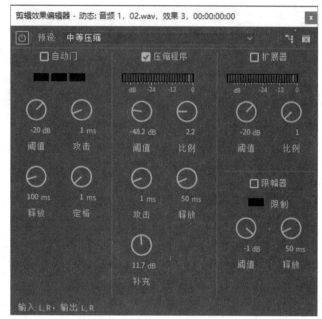

图 6-1

- **自动门**：用于删除低于特定振幅阈值的噪音。其中，"阈值"参数可以设置指定效果器的上限或下限值；"攻击"参数可以指定检测到达到阈值的信号多久启动效果器；"释放"参数可以设置指定效果器的工作时间。
- **压缩程序**：用于通过衰减超过特定阈值的音频来减少音频信号的动态范围。其中，"攻击"和"释放"参数更改临时行为时，"比例"参数可以控制动态范围中的更改；"补充"参数可以补偿增加音频电平。
- **扩展器**：通过衰减低于指定阈值的音频来增加音频信号的动态范围。"比例"参数可以用于控制动态范围的更改。
- **限幅器**：用于衰减超过指定阈值的音频。信号受到限制时，表 LED 会亮起。

2. 动态处理

"动态处理"音频效果可用作压缩器、限幅器或扩展器。作为压缩器和限幅器时，该效果可减少动态范围，产生一致的音量；作为扩展器时，通过减小低电平信号的电平来增加动态范围。添加该音频效果后，在"效果控件"面板中单击"编辑"按钮，即可打开"剪辑效果编辑器-动态处理"对话框进行设置，该对话框中包括"动态"和"设置"两个选项卡，分别如图6-2、图6-3所示。

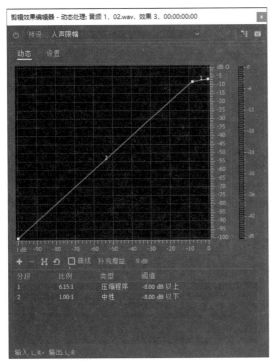

图 6-2

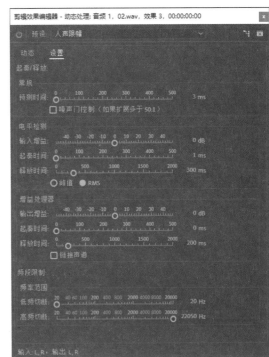

图 6-3

"预设"下拉列表中包括预设的动态处理设置，用户可以直接选择，也可以在"动态"选项卡中通过调整图形处理音频；在"设置"选项卡中，用户可以提供总体的音频设置，也可以检测振幅并进行处理。

3. 单频段压缩器

"单频段压缩器"音频效果可减少动态范围，从而产生一致的音量，并提高感知响度。该效果常用于画外音，以便在音乐音轨和背景音频中突显语音。

4. 增幅

"增幅"音频效果可增强或减弱音频信号。该效果实时起效，用户可以结合其他音频效果一起使用。

5. 多频段压缩器

"多频段压缩器"音频效果可单独压缩四种不同的频段，每个频段通常包含唯一的动态内容，常用于处理音频母带。添加该音频效果后，在"效果控件"面板中单击"编辑"按钮，即可打开"剪辑效果编辑器-多频段压缩器"对话框进行设置，如图6-4所示。该对话框中部分选项作用如下。

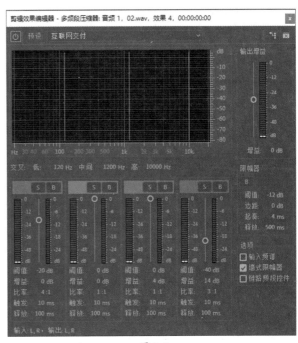

图 6-4

- **⑤**：独奏，单击该按钮，只能听到当前频段。
- **阈值**：用于设置启用压缩的输入电平。若想仅压缩极端峰值并保留更大的动态范围，阈值需低于峰值输入电平5dB左右；若想高度压缩音频并大幅减小动态范围，阈值需低于峰值输入电平15dB左右。
- **增益**：用于在压缩之后增强或削减振幅。
- **输出增益**：用于在压缩之后增强或削减整体输出电平。
- **限幅器**：用于输出增益后在信号路径的末尾应用限制，优化整体电平。
- **输入频谱**：选择该复选框，在多频段图形中显示输入信号的频谱，而不是输出信号的频谱。
- **墙式限幅器**：选择该复选框，在当前裕度设置应用即时强制限幅。
- **链路频段控件**：选择该复选框，将全局调整所有频段的压缩设置，同时保留各频段间的相对差异。

6. 强制限幅

"强制限幅"音频效果可以减弱高于指定阈值的音频。该效果可提高整体音量，同时避免扭曲。

7. 消除齿音

"消除齿音"音频效果可去除齿音和其他高频"嘶嘶"类型的声音。

8. 电子管建模压缩器

"电子管建模压缩器"音频效果可添加使音频增色的微妙扭曲，模拟复古硬件压缩器的温暖感觉。

9. 通道混合器

"通道混合器"音频效果可以改变立体声或环绕声道的平衡。

10. 通道音量

"通道音量"音频效果可以独立控制立体声或5.1剪辑或轨道中每条声道的音量。

6.1.2 延迟与回声

"延迟与回声"音频效果组包括3种音频效果。该组音频效果可以制作回声的效果，使声音更饱满，有层次。

1. 多功能延迟

"多功能延迟"音频效果可以制作延迟音效的回声效果，适用于5.1、立体声或单声道剪辑。添加该效果后，用户可以在"效果控件"面板中设置最多4个回声效果。

2. 延迟

"延迟"音频效果可以生成单一回声，用户可以制作指定时间后播放的回声效果。35ms或更长时间的延迟可产生不连续的回声；而15～34ms的延迟可产生简单的和声或镶边效果。

3. 模拟延迟

　　"模拟延迟"音频效果可以模拟老式延迟装置的温暖声音特性，制作缓慢的回声效果。添加该效果后，在"效果控件"面板中单击"编辑"按钮，即可打开"剪辑效果编辑器-模拟延迟"对话框，如图6-5所示。该对话框中部分选项作用如下。

图 6-5

- **预设**：该下拉列表中包括多种Premiere软件的预设效果，用户可以直接选择应用。
- **干输出**：用于确定原始未处理音频的电平。
- **湿输出**：用于确定延迟的、经过处理的音频的电平。
- **延迟**：用于设置延迟的长度。
- **反馈**：用于通过延迟线重新发送延迟的音频，来创建重复回声。数值越高，回声强度增长越快。
- **劣音**：用于增加扭曲并提高低频，增加温暖度的效果。

动手练 制作山谷回音效果

　　音频在影视文件中起着至关重要的作用，用户可以通过Premiere软件处理音频，使其满足影视作品的需要。下面将结合"模拟延迟"音频效果，制作山谷回音的效果。

Step 01 新建项目，导入本章素材文件"你好.wav"，将其拖曳至"时间轴"面板中，软件将根据素材自动创建序列，如图6-6所示。

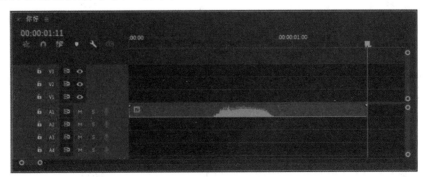

图 6-6

Step 02 在"效果"面板中搜索"模拟延迟"音频效果，拖曳至"时间轴"面板中A1轨道素材上，在"效果控件"面板中单击"编辑"按钮，打开"剪辑效果编辑器-模拟延迟"对话框，在"预设"下拉列表中选择"峡谷回声"选项，并设置"延迟"参数为600ms，如图6-7所示。

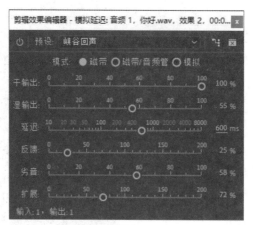

图 6-7

Step 03 关闭"剪辑效果编辑器-模拟延迟"对话框，在"效果控件"面板中设置"音量"效果中"级别"参数为6dB，提高音量，如图6-8所示。

图 6-8

至此，山谷回音效果制作完成。移动时间线至起始位置，按空格键播放即可听到回声效果。

6.1.3　滤波器和EQ

"滤波器和EQ"音频效果组包括14种音频效果。该组音频效果可以过滤掉音频中的某些频率，得到更纯净的音频。

1. FFT 滤波器

"FFT滤波器"音频效果可以轻松绘制用于抑制或增强特定频率的曲线或陷波。

2. 低通

"低通"音频效果可以消除高于指定频率界限的频率，使音频产生浑厚的低音音场效果。该效果适用于5.1声道、立体声或单声道剪辑。

3. 低音

"低音"音频效果可以增大或减小低频（200Hz及以下），适用于5.1声道、立体声或单声道剪辑。

4. 参数均衡器

"参数均衡器"音频效果可以最大程度地控制音调均衡。添加该效果后，在"效果控件"面板中单击"编辑"按钮，即可打开"剪辑效果编辑器-参数均衡器"对话框，如图6-9所示。用户可以在该对话框中全面控制音频的频率、Q和增益设置。

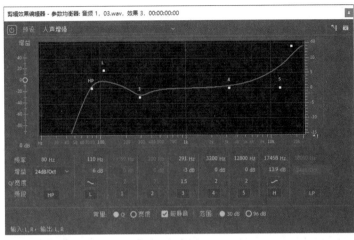

图 6-9

5. 图形均衡器（10段）/（20段）/（30段）

"图形均衡器"音频效果可以增强或削减特定频段，并直观地表示生成的EQ曲线。在使用时，用户可以选择不同频段的"图形均衡器"音频效果进行添加，其中。"图形均衡器（10段）"音频效果频段最少，调整最快；"图形均衡器（30段）"音频效果频段最多，调整最精细。

6. 带通

"带通"音频效果移除在指定范围外发生的频率或频段。该效果适用于5.1、立体声或单声道剪辑。

7. 科学滤波器

"科学滤波器"音频效果对音频进行高级操作。添加该效果后，在"效果控件"面板中单击"编辑"按钮，即可打开"剪辑效果编辑器-科学滤波器"对话框，如图6-10所示。该对话框中的部分选项作用如下。

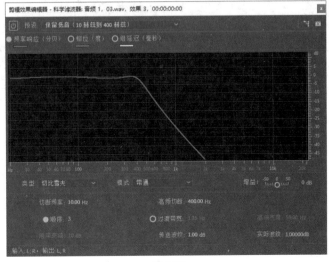

图 6-10

- **预设：** 用于选择Premiere软件自带的预设进行应用。
- **类型：** 用于设置科学滤波器的类型，包括"贝塞尔""巴特沃斯""切比雪夫"和"椭圆"4种类型。
- **模式：** 用于设置滤波器的模式，包括"低通""高通""带通"和"带阻"4种模式。
- **增益：** 用于调整音频整体音量级别，避免调整后产生太响亮或太柔和的音频。

8. 简单的参数均衡

"简单的参数均衡"音频效果可以在一定范围内均衡音调。添加该效果后，用户可以在"效果控件"面板中设置位于指定范围中心的频率、要保留频段的宽度等参数。

9. 简单的陷波滤波器

"简单的陷波滤波器"音频效果可以阻碍频率信号。

10. 陷波滤波器

"陷波滤波器"音频效果可以去除最多6个设定的音频频段，且保持周围频率不变。添加该效果后，在"效果控件"面板中单击"编辑"按钮，即可打开"剪辑效果编辑器-陷波滤波器"对话框，如图6-11所示。用户可以在该对话框中对每个陷波的中心频率、振幅、频率范围等进行设置。

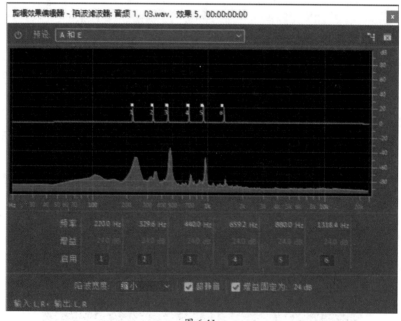

图 6-11

11. 高通

"高通"音频效果与"低通"音频效果作用相反，该效果可以消除低于指定频率界限的频率，适用于5.1、立体声或单声道剪辑。

12. 高音

"高音"音频效果可以增高或降低高频（4000Hz及以上），适用于5.1、立体声或单声道剪辑。

6.1.4 调制

"调制"音频效果组包括3种音频效果。该组音频效果可以通过混合音频效果或移动音频信号的相位来改变声音。

1. 和声 / 镶边

"和声/镶边"音频效果可以模拟多个音频的混合效果,增强人声音轨或为单声道音频添加立体声空间感。添加该效果后,在"效果控件"面板中单击"编辑"按钮,即可打开"剪辑效果编辑器-和声/镶边"对话框,如图6-12所示。该对话框中部分选项作用如下。

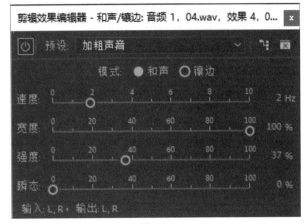

图 6-12

- **模式:** 用于设置模式,包括"和声"和"镶边"两个选项。其中,"和声"可以模拟同时播放多个语音或乐器的效果;"镶边"可以模拟最初在打击乐中听到的延迟相移声音。
- **速度:** 用于控制延迟时间循环从零到最大设置的速率。
- **宽度:** 用于指定最大延迟量。
- **强度:** 用于控制原始音频与处理后音频的比率。
- **瞬态:** 强调瞬时,提供更锐利、更清晰的声音。

2. 移相器

"移相器"音频效果类似于镶边,该效果可以移动音频信号的相位,并将其与原始信号重新合并,作出20世纪60年代音乐家推广的打击乐效果。

知识点拨

"移相器"音频效果可以显著改变立体声声像,创造超自然的声音。

3. 镶边

"镶边"音频效果可以通过以特定或随机间隔,略微对信号进行延迟和相位调整来创建类似于20世纪60年代和20世纪70年代打击乐的音频,该效果是通过混合与原始信号大致等比例的可变短时间延迟产生的。

6.1.5 降杂/恢复

"降杂/恢复"音频效果组包括4种音频效果。该组音频效果可以去除音频中的杂音,使音频更纯净。

1. 减少混响

"减少混响"音频效果可以消除混响曲线并辅助调整混响量。

2. 消除嗡嗡声

"消除嗡嗡声"音频效果可以去除窄频段及其谐波。常用于处理照明设备和电子设备电线发出的嗡嗡声。

3. 自动咔嗒声移除

"自动咔嗒声移除"音频效果可以去除音频中的咔嗒声音或静电噪声。

4. 降噪

"降噪"音频效果可以降低或完全去除音频文件中的噪声。

6.1.6 混响

"混响"音频效果组包括3种音频效果。该组音频效果可以为音频添加混响,模拟声音反射的效果。

1. 卷积混响

"卷积混响"音频效果可以基于卷积的混响使用脉冲文件模拟声学空间,使之如同在原始环境中录制一般真实。添加该效果后,在"效果控件"面板中单击"编辑"按钮,即可打开"剪辑效果编辑器-卷积混响"对话框,如图6-13所示。该对话框中的部分选项作用如下。

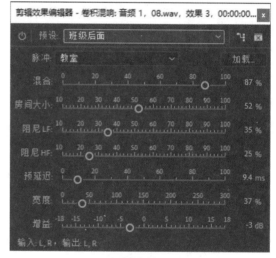

图 6-13

- **预设:** 该下拉列表中包括多种Premiere预设的设置,用户可以直接选择应用。
- **脉冲:** 用于指定模拟声学空间的文件。单击"加载"按钮可以添加自定义的脉冲文件。
- **混合:** 用于设置原始声音与混响声音的比率。
- **房间大小:** 用于设置由脉冲文件定义的完整空间的百分比,数值越大,混响越长。
- **阻尼LF:** 用于减少混响中的低频重低音分量,避免模糊,产生更清晰的声音。
- **阻尼HF:** 用于减少混响中的高频瞬时分量,避免刺耳声音,产生更温暖、更生动的声音。
- **预延迟:** 用于确定混响形成最大振幅所需的毫秒数。数值较低时声音比较自然;数值较高时可产生有趣的特殊效果。

2. 室内混响

"室内混响"音频效果可以模拟室内空间演奏音频的效果。与其他混响效果相比,该效果速度更快,占用的处理器资源也更低。

3. 环绕声混响

"环绕声混响"音频效果可模拟声音在室内声学空间中的效果和氛围，常用于5.1音源，也可为单声道或立体声音源提供环绕声环境。

6.1.7 特殊效果

"特殊效果"音频效果组包括12种音频效果。该组音频效果常用于制作一些特殊的效果，如交换左右声道、模拟汽车音箱爆裂声音等。

1. Binauralizer-Ambisonics

"Binauralizer-Ambisonics"音频效果仅适用于5.1声道剪辑，该效果可以与全景视频相结合，创作出身临其境的效果。

2. 雷达响度计

"雷达响度计"音频效果可以测量剪辑、轨道或序列中的音频级别，帮助用户控制声音的音量，以满足广播或电视的播放要求。添加该效果后，在"效果控件"面板中单击"编辑"按钮，即可打开"剪辑效果编辑器-雷达响度计"对话框，如图6-14所示。

在"剪辑效果编辑器-雷达响度计"对话框中，播放声音时若出现较多黄色区域，就

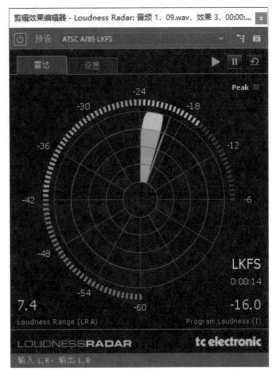

图 6-14

表示音量偏高；仅出现蓝色区域表示音量偏低，一般来说，需要将响度保持在雷达的绿色区域中，才可满足要求。

3. Panner-Ambisonics

"Panner-Ambisonics"音频效果仅适用于5.1声道，一般与一些沉浸式视频效果同时使用。

4. 互换声道

"互换声道"音频效果仅适用于立体声剪辑，GIA效果可以交换左右声道信息的位置。

5. 人声增强

"人声增强"音频效果可以增强人声，改善旁白录音质量。

6. 反转

"反转"音频效果可以反转所有声道的相位，适用于5.1声道、立体声或单声道剪辑。

7. 吉他套件

"吉他套件"音频效果将应用一系列可以优化和改变吉他音轨声音的处理器，模拟吉他弹

奏的效果，使音频更具有表现力。添加该效果后，在"效果控件"面板中单击"编辑"按钮，即可打开"剪辑效果编辑器-吉他套件"对话框，如图6-15所示。该对话框中的部分选项作用如下。

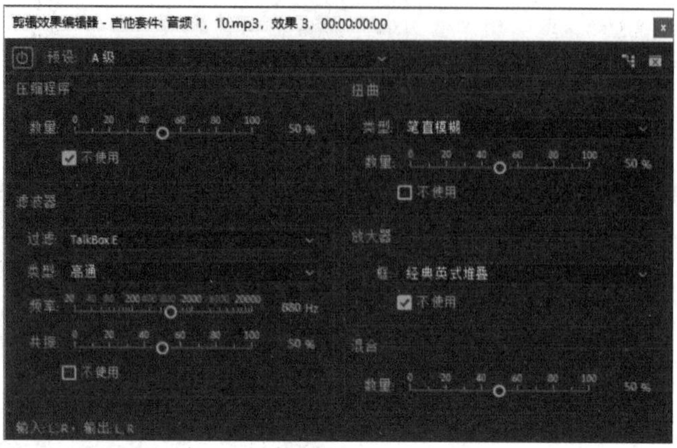

图 6-15

- **压缩程序**：用于减少动态范围以保持一致的振幅，并帮助在混合音频中突出吉他音轨。
- **扭曲**：用于增加可经常在吉他独奏中听到的声音边缘。
- **放大器**：用于模拟吉他手用来创造独特音调的各种放大器和扬声器组合。

8. 响度计

"响度计"音频效果可以直观地为整个混音、单个音轨或总音轨和子混音测量项目响度。要注意的是，响度计不会更改音频电平，它仅提供响度的精确测量值，以便用户更改音频响度级别。

9. 扭曲

"扭曲"音频效果可以将少量砾石和饱和效果应用于任何音频，从而模拟汽车音箱的爆裂效果、压抑的麦克风效果或过载放大器效果。

10. 母带处理

"母带处理"音频效果可以优化特定介质音频文件的完整过程。

11. 用右侧填充左侧

"用右侧填充左侧"音频效果可以复制音频剪辑的左声道信息，并将其放置在右声道中，丢弃原始剪辑的右声道信息。

12. 用左侧填充右侧

"用左侧填充右侧"音频效果可以复制音频剪辑的右声道信息，并将其放置在左声道中，丢弃原始剪辑的左声道信息。

6.1.8 立体声声像

"立体声声像"音频效果组仅包括"立体声扩展器"一种音频效果。该效果可调整立体声声像，控制其动态范围。

6.1.9 时间与变调

"时间与变调"音频效果组仅包括"音高换档器"一种音频效果，该效果可以实时改变音调。

6.1.10 其他

除了以上9组音频效果外，Premiere软件中还包括3个独立的音频效果：余额、静音和音量。下面将对此进行介绍。

1. 余额

"余额"音频效果可以平衡左右声道的相对音量。

2. 静音

"静音"音频效果可以消除声音。

3. 音量

"音量"音频效果可以使用音量效果代替固定音量效果。

Pr 6.2 音频的编辑

除了通过音频效果对声音进行调整外，用户还可以通过关键帧、音频过渡效果等设置音频，从而制作出符合需要的音频。本节将对此进行介绍。

6.2.1 音频关键帧

与视频中的关键帧类似，音频关键帧可以设置音频素材在不同时间的音量，从而作出变化的效果。用户可以选择在"时间轴"面板中或"效果控件"面板中添加音频关键帧。下面针对两种方式进行介绍。

1. 在"时间轴"面板中添加音频关键帧

若想在"时间轴"面板中添加音频关键帧，需要先将音频轨道展开，双击音频轨道前的空白处即可，如图6-16所示。再次双击该空白处可折叠音频轨道。

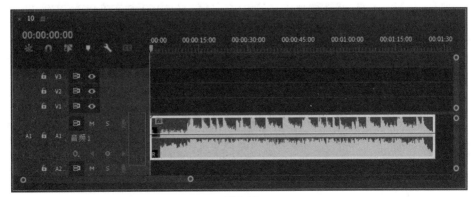

图 6-16

在展开的音频轨道中单击"添加-移除关键帧"按钮 ，即可添加或删除音频关键帧。添加音频关键帧后，可通过"选择工具" 移动其位置，从而改变音频效果，如图6-17所示。

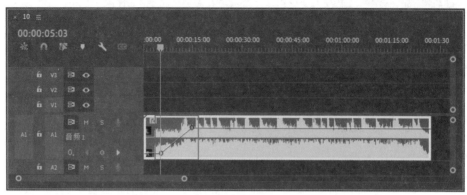

图 6-17

注意事项 用户还可以按住Ctrl键同时单击创建关键帧，再对其进行调整，从而提高或降低音量。按住Ctrl键靠近已有的关键帧后，待光标变为 状时按住鼠标拖动，可创建更平滑的变化效果，如图6-18所示。

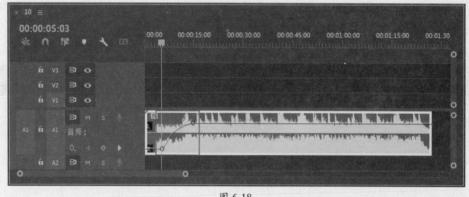

图 6-18

2. 在"效果控件"面板中添加音频关键帧

在"效果控件"面板中添加音频关键帧的方式与创建视频关键帧的方式类似。选择"时间轴"面板中的音频素材后，在"效果控件"面板中单击"级别"参数左侧的"切换动画"按钮 ，即可在时间线当前位置添加关键帧，移动时间线，调整参数或单击"添加/移除关键帧"按钮 ，可在继续添加关键帧，如图6-19所示。

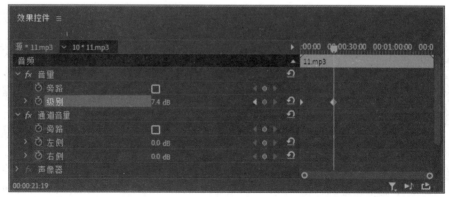

图 6-19

用户还可以分别设置"左侧"参数和"右侧"参数的关键帧，制作特殊的左右声道效果。

6.2.2　音频持续时间

在处理音频素材时，常常需要设置其持续时间与视频轨道中的素材相匹配，以保证影片品质。用户可以在"项目"面板、"源监视器"面板或"时间轴"面板中对音频持续时间进行设置。

选中音频素材，右击，在弹出的快捷菜单中执行"速度/持续时间"命令，打开"剪辑速度/持续时间"对话框，如图6-20所示。在该对话框中设置参数，即可调整音视频素材的持续时间。要注意的是，在"项目"面板中调整音频播放速度后，"时间轴"面板中的素材不受影响，需要重新将素材导入"时间轴"面板中。

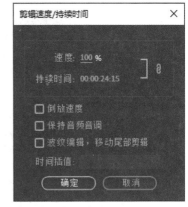

图 6-20

知识点拨

除了使用一些常规的方法设置音频素材的持续时间外，用户还可以通过将音频素材导入Audition软件中进行重新混合，以匹配视频素材的持续时间。

在Premiere软件中执行"编辑"|"在Adobe Audition中编辑"|"序列"命令，打开"在Adobe Audition中编辑"对话框，如图6-21所示。

图 6-21

设置参数后单击"确定"按钮，即可在Audition软件中打开序列，如图6-22所示。

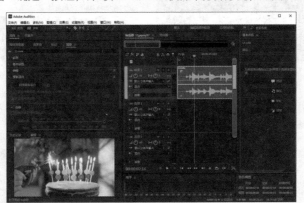

图 6-22

在"编辑器"面板中选择音频素材后，在"属性"面板中单击"启用重新混合"按钮，分析剪辑并找到最佳过渡点，设置"目标持续时间"参数，Audition即可在时间轴中将音频重新混合为目标持续时间，图6-23、图6-24所示为重新混合前后对比效果。

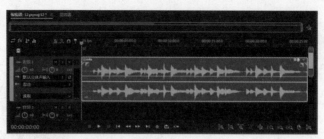

图 6-23

图 6-24

重新混合后，用户可以将音频再次导回Premiere项目中。在Audition中选择调整后的音频轨道，执行"多轨"|"导出到Adobe Premiere Pro（X）"命令，打开"导出到Adobe Premiere Pro"对话框，如图6-25所示。设置参数后单击"导出"按钮，软件将自动切换至Premiere中，并打开"复制Adobe Audition轨道"对话框，如图6-26所示。

图 6-25

图 6-26

在"复制Adobe Audition轨道"对话框中选择音频轨道后单击"确定"按钮，即可将处理后的音频导入至Premiere项目中，且不影响原始轨道，如图6-27所示。

用户可以选择单击原始音频轨道左侧的"静音轨道"按钮M，以隐藏原始音频效果。

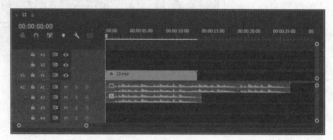

图 6-27

6.2.3 音频过渡效果

添加音频过渡效果可以使音频的进出更自然。在Premiere软件中，包括3种音频过渡效果："恒定功率""恒定增益"和"指数淡化"。这3种音频效果都可以制作音频交叉淡化的效果，具体的作用介绍如下。

- **恒定功率**："恒定功率"音频过渡效果可以创建类似于视频剪辑之间的溶解过渡效果的平滑渐变的过渡。应用该音频过渡效果，首先会缓慢降低第一个剪辑的音频，然后快速接近过渡的末端。对于第二个剪辑，此交叉淡化首先快速增加音频，然后更缓慢地接近过渡的末端。
- **恒定增益**："恒定增益"音频过渡效果在剪辑之间过渡时将以恒定速率更改音频进出，但听起来会比较生硬。
- **指数淡化**："指数淡化"音频过渡效果淡出位于平滑的对数曲线上方的第一个剪辑，同时自下而上淡入同样位于平滑对数曲线上方的第二个剪辑。通过从"对齐"控件菜单中选择一个选项，可以指定过渡的定位。

添加音频过渡效果后，选择"时间轴"面板中添加的过渡效果，可以在"效果控件"面板中设置其持续时间、对齐等参数。

动手练 **制作打字效果**

对大部分影视作品来说，带有声音的影片总是格外吸引人。本小节将结合音频的相关知识，介绍如何制作打字效果并添加音效。

Step 01 打开本章素材文件"制作打字效果素材.prproj"，在"节目监视器"面板中的预览效果如图6-28所示。

图6-28

Step 02 在"项目"面板中选中"打字.mp3"素材，拖曳至"时间轴"面板的A1轨道中，如图6-29所示。

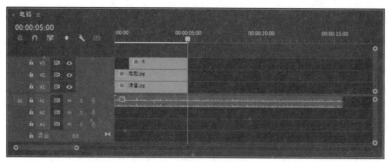

图 6-29

Step 03 移动时间线至00:00:01:00处，使用"剃刀工具" 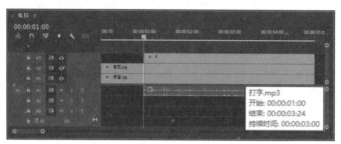 在A1轨道中时间线处单击剪切音频素材，移动时间线至00:00:04:00处，使用"剃刀工具" 在A1轨道中时间线处单击剪切音频素材，删除A1轨道中的第1段和第3段素材，如图6-30所示。

打字.mp3
开始: 00:00:01:00
结束: 00:00:03:24
持续时间: 00:00:03:00

图 6-30

Step 04 在"项目"面板中选中"伴奏.mp3"素材，拖曳至"时间轴"面板的A2轨道中，如图6-31所示。

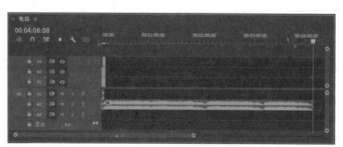

图 6-31

Step 05 移动时间线至00:00:03:01处，使用"剃刀工具"在A2轨道中时间线处单击剪切音频素材，选中A2轨道中第1段音频素材，按Delete键删除，移动第2段素材至起始处，如图6-32所示。

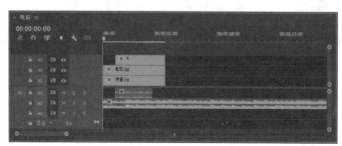

图 6-32

Step 06 移动时间线至00:00:05:00处，使用"剃刀工具" 在A2轨道中时间线处单击剪切音频素材，并删除右半部分的音频素材，如图6-33所示。

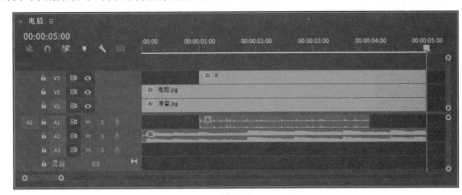

图 6-33

Step 07 选中A2轨道中的音频素材，在"效果控件"面板中设置其"音量"效果"级别"参数为-10dB，如图6-34所示。

图 6-34

Step 08 在"效果"面板中搜索"指数淡化"音频过渡效果，拖曳至A2轨道素材起始处，搜索"恒定增益"音频过渡效果，拖曳至A2轨道素材末端，如图6-35所示。

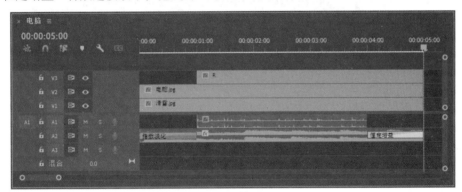

图 6-35

至此，山谷回音效果制作完成。移动时间线至起始位置，按空格键播放即可听到打字效果。

案例实战：制作微视频效果

音频配合视频，可以带给观众完美的视听体验，使观众对视频内容的理解更深刻。下面将结合音、视频的相关知识，介绍如何制作微视频效果。

Step 01 新建项目和序列，导入本章素材文件"鸟.mp4""水.mp4""求婚.mp4"和"配乐.m4a"，如图6-36所示。

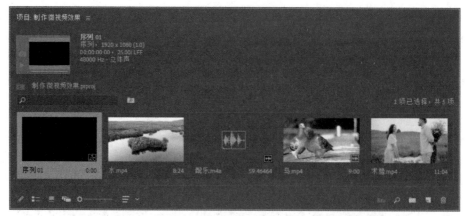

图 6-36

Step 02 选择"鸟.mp4""水.mp4"和"求婚.mp4"素材，拖曳至"时间轴"面板的V1轨道中，在打开的"剪辑不匹配警告"对话框中单击"保持现有设置"按钮，将素材放置在V1轨道中。选中V1轨道中的3段素材，右击，在弹出的快捷菜单中执行"缩放为帧大小"命令，调整素材大小。再次右击，在弹出的快捷菜单中执行"取消链接"命令，取消音视频链接并删除音频素材，如图6-37所示。

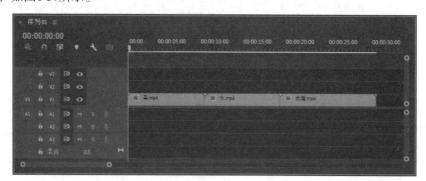

图 6-37

Step 03 选中V1轨道中的第1段和第2段素材，右击，在弹出的快捷菜单中执行"速度/持续时间"命令，打开"剪辑速度/持续时间"对话框，设置"持续时间"为00:00:05:00，选择"波纹编辑，移动尾部剪辑"复选框，单击"确定"按钮，调整第1段素材和第2段素材的持续时间为5s，如图6-38所示。

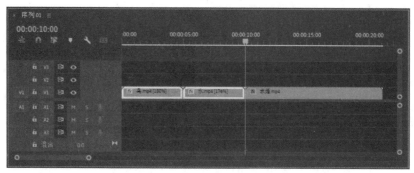

图 6-38

Step 04 使用相同的方法，调整第3段素材的持续时间为10s，如图6-39所示。

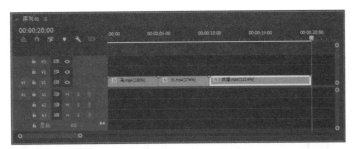

图 6-39

Step 05 移动时间线至00:00:00:00处，单击"基本图形"面板中的"新建图层"按钮，在弹出的快捷菜单中执行"文本"命令，双击文本图层，在"基本图形"面板中设置"字体"为庞门正道粗书体，"填充"为白色，并设置"阴影"参数，设置完成后在"节目监视器"面板中输入文字，使用"选择工具"选择并移动至合适位置，如图6-40所示。

图 6-40

Step 06 在"时间轴"面板中选中V2轨道中出现的文字素材，按住Alt键向后拖曳复制，如图6-41所示。

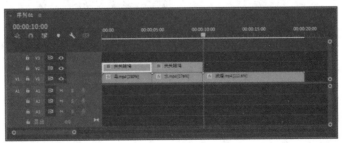

图 6-41

Step 07 选择V2轨道中的第2段文字素材，使用"选择工具"，在"节目监视器"面板中双击并修改文字内容，移动文字至合适位置，如图6-42所示。

图 6-42

Step 08 使用相同的方法继续复制并修改文字，如图6-43、图6-44所示。

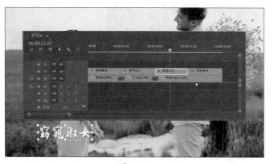

图 6-43

图 6-44

Step 09 在"效果"面板中搜索"交叉溶解"视频过渡效果，拖曳至素材的始末处与连接处，如图6-45所示。

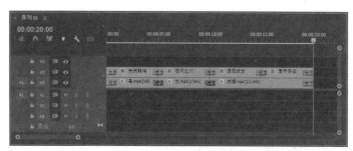

图 6-45

Step 10 在"项目"面板中选中"配乐.m4a"素材，拖曳至A1轨道中，如图6-46所示。

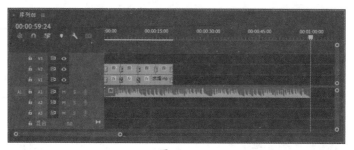

图 6-46

Step 11 移动时间线至00:00:03:04处，使用"剃刀工具" ◎ 在A1轨道中时间线处单击剪切音频素材，删除第1段音频素材，移动第2段素材至起始处，如图6-47所示。

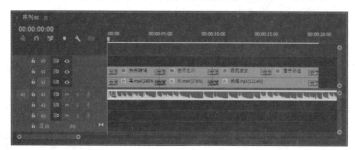

图 6-47

Step 12 移动时间线至00:00:20:06处，再次剪切音频素材并删除右半部分，如图6-48所示。

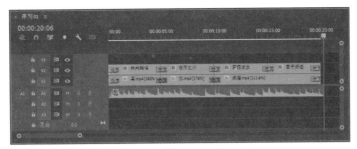

图 6-48

Step 13 选中A1轨道中的音频素材，右击，在弹出的快捷菜单中执行"速度/持续时间"命令，打开"剪辑速度/持续时间"对话框，设置持续时间为20s，选择"保持音频音调"复选框，完成后单击"确定"按钮，调整音频素材持续时间，如图6-49所示。

Step 14 选中A1轨道中的音频素材，在"效果控件"面板中设置其"音量"效果"级别"参数为-6dB，如图6-50所示。

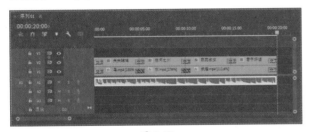

图 6-49

图 6-50

Step 15 在"效果"面板中搜索"指数淡化"音频过渡效果，拖曳至A1轨道素材起始处和末端，如图6-51所示。

图 6-51

至此，微视频效果制作完成。移动时间线至起始位置，按空格键播放即可观看效果，如图6-52所示。

图 6-52

157

新手答疑

1. Q：什么是单声道、立体声和 5.1 声道？

 A： 单声道只包含一个音轨，人在接收单声道信息时，只能感受到声音的前后位置及音色、音量的大小，而不能感受到声音从左到右等横向的移动。

立体声指具有立体感的声音，它可以在一定程度上恢复原声的空间感，使听者直接听到具有方位层次等空间分布特性的声音。与单声道相比，立体声更贴近真实的声音。

5.1声道是指具有六声道环绕声的声音，其不仅让人感受到音源的方向感，且伴有一种被声音所围绕，以及声源向四周远离扩散的感觉，增强了声音的纵深感、临场感和空间感。

2. Q：在 Premiere 软件中，5.1 包含哪些声道？

 A： 3条前置音频声道（左声道、中置声道、右声道）；2条后置或环绕音频声道（左声道和右声道）；及通向低音炮扬声器的低频效果(LFE) 音频声道。

3. Q：如何查看音频数据？

 A： Premiere为相同音频数据提供多个视图。将轨道显示设置为"显示轨道关键帧"或"显示轨道音量"，即可在音频轨道混合器或"时间轴"面板中，查看和编辑轨道或剪辑的音量或效果值。其中，"时间轴"面板中的音轨包含波形，其为剪辑音频和时间之间关系的可视化表示形式。波形的高度显示音频的振幅（响度或静音程度），波形越大，音频音量越大。

4. Q：播放音频素材时，"音频仪表"面板中有时会显示红色，为什么？

 A： 将音频素材插入"时间轴"面板后，在"音频仪表"面板中可以观察到音量变化，播放音频素材时，"音频仪表"面板中的两个柱状将随音量变化而变化，若音频音量超出安全范围，柱状顶端将显示红色。用户可以通过调整音频增益、降低音量来避免这一情况。

5. Q：怎么临时将轨道静音？

 A： 若想将轨道临时静音，可以单击"时间轴"面板中的"静音轨道"按钮 M ；若想将其他所有轨道静音，仅播放某一轨道，可以单击"时间轴"面板中的"独奏轨道"按钮 S 。用户也可以通过"音频轨道混合器"实现这一效果。

Premiere视频剪辑标准教程（全彩微课版）

第7章
项目输出

　　使用软件处理完素材后，可以根据需要将其渲染输出，便于后续的观看和存储。用户可以选择将素材输出为多种格式，包括常见的视频格式、音频格式、图像格式等，不同格式的素材适用不同的需要。本章将对此进行详细介绍。

Pr 7.1 输出前的准备工作

在Premiere软件中制作完成影片后，可以将其输出不同的格式，以便与其他软件相衔接，从而更好地应用影片。在输出影片之前，需要对其进行预览，并选择合适的输出方式。本节将对此进行介绍。

7.1.1 渲染预览

渲染预览可以将编辑好的内容进行预处理，从而缓解播放时的卡顿。选中要进行渲染的时间段，执行"序列"|"渲染入点到出点的效果"命令或按Enter键，即可进行渲染，渲染后红色的时间轴部分变为绿色，图7-1所示为"时间轴"面板中渲染与未渲染的时间轴对比效果。

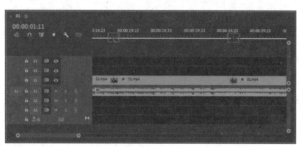

图 7-1

7.1.2 输出方式

预处理后就可以准备输出影片，在Premiere软件中，用户可以通过以下两种方式输出影片。
- 执行"文件"|"导出"|"媒体"命令。
- 按Ctrl+M组合键。

通过这两种方式都可以打开"导出设置"对话框，在该对话框中设置音视频参数后，单击"导出"按钮即可根据设置输出影片。

动手练 输出AVI视频

AVI格式为音频视频交错格式，由微软公司推出，采用有损压缩的方式，但画质好，兼容性高，应用非常广泛。下面将结合视频输出的相关知识，介绍AVI格式视频的输出方法。

Step 01 新建项目，导入本章素材文件"女孩.mp4"和"伴奏.aiff"。选中"女孩.mp4"素材，拖曳至"时间轴"面板中，软件将根据素材自动创建序列，如图7-2所示。

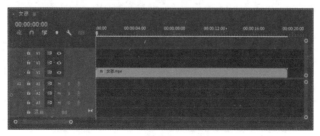

图 7-2

Step 02 移动时间线至00:00:07:05处，使用"剃刀工具"🔖剪切素材，并删除第2段素材，如图7-3所示。

图 7-3

Step 03 选中V1轨道中的素材，右击，在弹出的快捷菜单中执行"速度/持续时间"命令，打开"剪辑速度/持续时间"对话框，设置持续时间为00:00:05:00，完成后单击"确定"按钮，缩短素材持续时间，如图7-4所示。

图 7-4

Step 04 选中V1轨道中的素材文件，按住Alt键向上拖曳复制，如图7-5所示。

图 7-5

Step 05 在"效果"面板中搜索"变换"视频效果，拖曳至"时间轴"面板中的V2轨道素材上，在"效果控件"面板中选择"等比缩放"复选框，并设置"缩放"参数为120，在"节目监视器"面板中的预览效果如图7-6所示。

图 7-6

Step 06 移动时间线至00:00:00:00处，在"基本图形"面板中单击"新建图层"按钮 ，在弹出的快捷菜单中执行"矩形"命令，新建矩形，在"节目监视器"面板中调整矩形大小与角度，如图7-7所示。此时，"时间轴"面板的V3轨道中将自动出现矩形素材。

图 7-7

Step 07 在"效果"面板中搜索"轨道遮罩键"视频效果，拖曳至"时间轴"面板中的V2轨道素材上，在"效果控件"面板中设置"轨道遮罩键"效果中的"遮罩"参数为视频3，在"节目监视器"面板中的预览效果如图7-8所示。

图 7-8

Step 08 在"效果"面板中搜索"投影"视频效果，拖曳至V2轨道素材上，在"效果控件"面板中设置"阴影颜色"参数为白色，"距离"参数为0，"柔和度"参数为5，使素材边缘出现白边效果，在"节目监视器"面板中的预览效果如图7-9所示。

图 7-9

Step 09 再次将"投影"视频效果拖曳至V2轨道素材上,在"效果控件"面板中设置"阴影颜色"参数为白色,"距离"参数为5,"柔和度"参数为0,制作白色投影,在"节目监视器"面板中的预览效果如图7-10所示。

图 7-10

Step 10 移动时间线至00:00:00:00处。在"效果"面板中搜索"变换"视频效果,拖曳至V3轨道素材上,在"效果控件"面板中单击"变换"效果中"位置"参数左侧的"切换动画"按钮,添加关键帧,调整"变换"效果中的"位置"参数,使V3轨道素材完全在画面之外,如图7-11所示。

图 7-11

Step 11 移动时间线至00:00:04:29处,调整"变换"效果中的"位置"参数,使V3轨道素材向右偏移直至完全在画面之外,如图7-12所示。

图 7-12

Step 12 选中"项目"面板中的"伴奏.aiff"素材，拖曳至"时间轴"面板的A1轨道中，使用"剃刀工具" ◤ 剪切并删除音频素材，使其持续时间与V1轨道素材一致，如图7-13所示。

图 7-13

Step 13 按Ctrl+M组合键，打开"导出设置"对话框，在"导出设置"选项卡中选择"格式"为AVI，单击"输出名称"右侧的蓝字，打开"另存为"对话框，设置存储名称及参数，完成后单击"保存"按钮，返回"导出设置"对话框，如图7-14所示。保持默认设置，单击"导出"按钮即可输出AVI视频。

图 7-14

至此，完成AVI格式视频的输出。

Pr 7.2 输出设置

输出影片时，用户可以通过"导出设置"对话框，对输出参数进行详细设置，以满足后续的使用要求。图7-15所示为打开的"导出设置"对话框。本节将对此进行具体介绍。

图 7-15

7.2.1 "源"选项卡和"输出"选项卡

"导出设置"对话框左侧包括"源"和"输出"两个选项卡,其中,"源"选项卡显示未应用任何导出设置的源视频;"输出"选项卡显示应用源视频的当前导出设置的预览。用户可以通过切换两个选项卡,预览导出设置对源媒体的影响。

1. "源"选项卡

在"源"选项卡中,用户可以使用"裁剪输出视频"按钮, 裁剪源视频,以导出视频的一部分,如图7-16所示。

图 7-16

2. "输出"选项卡

"输出"选项卡中用户可以预览处理后的效果,如图7-17所示。还可以通过"源缩放"菜单确定源适合导出视频帧的方式,图7-18所示为展开的"源缩放"菜单。该菜单中各选项的作用如下。

图 7-17　　　　　　　　　　　　　图 7-18

- **缩放以适合**:缩放源帧以适合输出帧,而不进行扭曲或裁剪,如图7-19所示。
- **缩放以填充**:缩放源帧以完全填充输出帧,如图7-20所示。

图 7-19　　　　　　　　　　　　　图 7-20

- **拉伸以填充**:拉伸源帧,以在不裁剪的情况下完全填充输出帧,如图7-21所示。

● **缩放以适合黑色边框**：缩放源帧，在不扭曲的情况下适合输出帧，黑色边框将应用于视频，即输出帧的尺寸小于源视频，如图7-22所示。

图 7-21

图 7-22

● **更改输出大小以匹配源**：该选项类似于"视频"选项卡中的"匹配源"按钮效果，选择该选项后可自动将导出设置与源设置匹配。

7.2.2 导出设置

"导出设置"选项卡中可以设置导出影片的格式、路径、名称等参数，如图7-23所示。该选项卡中的部分常用选项作用如下。

● **与序列设置匹配**：选择该复选框后，将根据序列设置输出文件。

● **格式**：用于选择导出文件的格式，图7-24所示为可选的输出格式。常用

图 7-23

的格式有H.264（输出为.mp4）、AVI（输出为.avi）、QuickTime（输出为.mov）、动画GIF（输出为.gif）等。

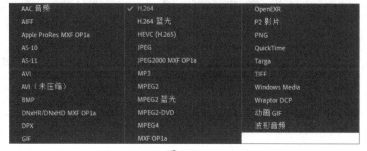
图 7-24

- **预设**：用于选择预设的编码配置输出文件，选择不同的格式后预设选项也会有所不同。

- **输出名称**：单击该按钮，打开"另存为"对话框，用户可以在该对话框中设置输出文件的名称和路径。

- **导出视频**：选择该复选框，可导出文件的视频部分。

- **导出音频**：选择该复选框，可导出文件的音频部分。

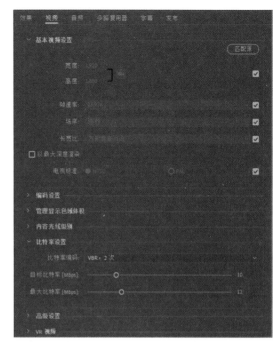

图 7-25

7.2.3　视频设置选项

选择不同的导出格式，视频设置的选项也会有所不同。图7-25所示为选择H.264格式时的"视频"选项卡。下面将针对其中的一些常用设置进行介绍。

1. 基本视频设置

该区域选项可以设置输出视频的一些基本参数，如宽度、高度、帧速率等。其中，部分选项的作用如下。

- **匹配源**：选择该选项可自动将导出设置与源设置匹配。

- **宽度/高度**：用于设置视频帧的宽度和高度。

- **帧速率**：用于设置视频回放期间每秒显示的帧数。一般来说，帧速率越高，运动就越平滑。设置时选择与源媒体一致即可。

- **场序**：用于设置导出文件使用逐行帧还是由隔行扫描场组成的帧，包括逐行、高场优先和低场优先3种选项。其中，逐行是数字电视、在线内容和电影的首选设置；当导出为隔行扫描格式时，可以选择高场优先或低场优先设置隔行扫描场的显示顺序。

- **长宽比**：用于设置单个视频像素的宽高比。

2. 比特率设置

用于设置输出文件的比特率。比特率数值越大，输出文件越清晰，但超过一定数值后，清晰度就不会有明显提升了。该区域中的部分选项作用如下。

- **比特率编码**：用于设置压缩视频/音频信号的编码方法，包括CBR、VBR 1次和VBR 2次3种选项。其中CBR是恒定比特率，选择该选项可以为数据速率设置常数值；VBR是指可变比特率，VBR 1次会从头到尾分析整个媒体文件，以计算可变比特率；VBR 2次将从头到尾和从尾到头分析两次媒体文件，编码效率更高，生成输出的品质也会更高。

- **目标比特率**：用于设置编码文件的总体比特率。

- **最大比特率**：用于设置VBR编码期间允许的最小值和最大值。

注意事项 若想输出较小的视频，可以设置较低的目标比特率数值。

167

3. 高级设置

该区域选项主要用于设置关键帧距离等参数。

7.2.4 音频设置选项

"音频"选项卡中可以详细设置输出文件的音频属性，以满足发布需要。图7-26所示为选择H.264格式时的"音频"选项卡。下面将针对其中的一些常用设置进行介绍。

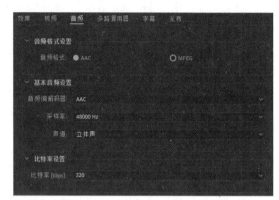

图 7-26

1. 基本音频设置

该区域参数可以设置输出音频的一些基本参数，如采样率、声道等。这些参数的作用如下。

- **音频编解码器**：用于设置音频压缩编解码器。
- **采样率**：用于设置将音频转换为离散数字值的频率，一般选择与录制时相同的采样率即可。
- **声道**：用于设置导出文件中包含的音频声道数。

2. 比特率设置

该区域参数可以设置音频的输出比特率，一般来说，比特率越高，品质越高，文件大小也会越大。

7.2.5 其他选项

除了以上选项卡外，Premiere软件还提供"效果""字幕"等选项卡，以帮助用户根据需要进行设置，这些选项卡的作用如下。

- **效果**：该选项卡中的选项可向导出的媒体添加各种效果。用户可以在"输出"选项卡中预览应用后的效果。
- **多路复用器**：该选项卡中的选项可以控制如何将视频和音频数据合并到单个流中，即混合。
- **字幕**：该选项卡中的选项可导出隐藏字幕数据，将视频的音频部分以文本形式显示在电视和其他支持显示隐藏字幕的设备上。
- **发布**：该选项卡中的选项可以将文件上传到各种目标平台。

动手练 输出GIF动画

GIF为图形交换格式，是一种公用的图像文件格式标准，分为静态GIF和动态GIF两种，适用于多种平台。下面将练习如何输出GIF动画。

Step 01 新建项目和序列，并导入本章素材文件"狗.mp4"，如图7-27所示。

图 7-27

Step 02 将"狗.mp4"素材文件拖曳至"时间轴"面板的V1轨道中，在弹出的"剪辑不匹配警告"对话框中单击"保持现有设置"按钮，将素材放置在V1轨道中，右击，在弹出的快捷菜单中执行"缩放为帧大小"命令，调整素材大小，如图7-28所示。

图 7-28

Step 03 在"时间轴"面板中选中V1轨道素材，右击，在弹出的快捷菜单中执行"取消链接"命令，取消音视频链接，并删除音频素材。再次选中素材并右击，在弹出的快捷菜单中执行"速度/持续时间"命令，打开"剪辑速度/持续时间"对话框，设置持续时间为00:00:02:00，完成后单击"确定"按钮，缩短素材持续时间，如图7-29所示。

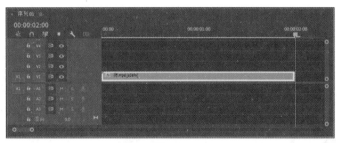

图 7-29

Step 04 移动时间线至00:00:00:00处，单击"基本图形"面板中的"新建图层"按钮，在弹出的快捷菜单中执行"文本"命令，创建文本图层，双击"基本图形"面板中的文本图层，使"节目监视器"面板中的文字进入可编辑状态，在"基本图形"面板中设置"字体"为站酷快乐体，"填充"为白色，并添加阴影，在"节目监视器"面板中修改文字内容，如图7-30所示。在"时间轴"面板中调整文字素材持续时间与V1轨道素材一致。

图 7-30

Step 05 在"基本图形"面板中选中文字图层，右击，在弹出的快捷菜单中执行"复制"命令（第2个复制），复制文字并双击修改文字内容，移动文字至合适位置，重复多次，效果如图7-31所示。

Step 06 使用"选择工具"调整文字锚点位于文字中心，并调整文字大小，使其错落有致，如图7-32所示。

图 7-31

图 7-32

Step 07 移动时间线至00:00:00:00处，选中V2轨道中的文字素材，在"效果控件"面板中展开"文本（玩）"选项卡，单击"变换"效果中"旋转"参数左侧的"切换动画"按钮，添加关键帧，按Shift+→组合键将时间线向右移动5帧，调整"旋转"参数，使文字向右旋转，此时"节目监视器"面板中的效果如图7-33所示。

图 7-33

Step 08 再次按Shift+→组合键，将时间线向右移动5帧，调整"旋转"参数，使文字向左旋转，此时"节目监视器"面板中的效果如图7-34所示。

图 7-34

Step 09 选中"旋转"参数的第2个和第3个关键帧，按Ctrl+C组合键复制，按Shift+→组合键，将时间线向右移动5帧，按Ctrl+V组合键粘贴，复制关键帧，如图7-35所示。

图 7-35

Step 10 选中"旋转"参数的第2～5个关键帧，按Ctrl+C组合键复制，按2次Shift+→组合键，将时间线向右移动10帧，按Ctrl+V组合键粘贴，复制关键帧，重复操作，直至素材末端，如图7-36所示。

图 7-36

Step 11 使用相同的方法，为其他文字添加"旋转"关键帧并调整"旋转"参数，使文字发生摆动，如图7-37所示。

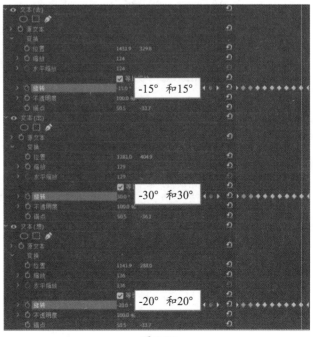

图 7-37

Step 12 移动时间线至00:00:00:00处，按空格键，播放效果如图7-38所示。

图 7-38

Step 13 按Ctrl+M组合键，打开"导出设置"对话框，在"导出设置"选项卡中选择"格式"为动画GIF，单击"输出名称"右侧的蓝字，打开"另存为"对话框，设置存储名称及参数，完成后单击"保存"按钮，返回至"导出设置"对话框，在"视频"选项卡中设置"场序"为逐行，如图7-39所示。其他保持默认设置，单击"导出"按钮即可输出GIF视频。

图 7-39

至此，完成GIF格式动画的输出。

案例实战：输出MP4文件

在影视后期中，H.264格式是非常常用的一种格式，其输出文件后缀名为".mp4"。该格式具有很高的数据压缩比率，容错能力强，图像质量也很高，在网络中传输非常方便。下面将通过导出设置等相关知识，介绍如何输出MP4文件。

Step 01 新建项目和序列，导入本章素材文件"人.mp4""进度条.psd"和"配乐.wav"，如图7-40所示。

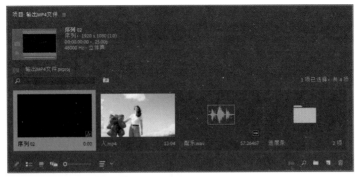

图 7-40

注意事项 导入PSD格式文件时，在弹出的"导入分层文件"对话框的
"导入为"下拉列表中选择"各个图层"选项，即可将PSD文件的各图层导
入，图7-41所示为打开的"导入分层文件"对话框。

图 7-41

Step 02 选择"人.mp4"素材，拖曳至"时间轴"面板中的V1轨道中，在打开的"剪辑不
匹配警告"对话框中单击"保持现有设置"按钮，保持序列设置。在"时间轴"面板中选中V1
轨道中的素材，右击，在弹出的快捷菜单中执行"缩放为帧大小"命令，调整素材大小，
图7-42所示为调整后的效果。

图 7-42

Step 03 在"时间轴"面板中选中V1轨道中的素材，右击，在弹出的快捷菜单中执行"插
入帧定格分段"命令，插入帧定格分段，如图7-43所示。

图 7-43

Step 04 在"效果"面板中搜索"高斯模糊"视频效果，拖曳至"时间轴"面板中V1轨道的第1段素材上，在"效果控件"面板中单击"高斯模糊"效果"模糊度"参数左侧的"切换动画"按钮⚙，添加关键帧，并设置"模糊度"参数为30，选择"重复边缘像素"复选框，此时"节目监视器"面板中的效果如图7-44所示。

图 7-44

Step 05 移动时间线至00:00:02:00处，调整"模糊度"参数为0，此时"节目监视器"面板中的效果如图7-45所示。

图 7-45

Step 06 移动时间线至00:00:00:00处，单击"不透明度"参数左侧的"切换动画"按钮⚙，添加关键帧，并设置"不透明度"参数为0%，此时"节目监视器"面板中的效果如图7-46所示。

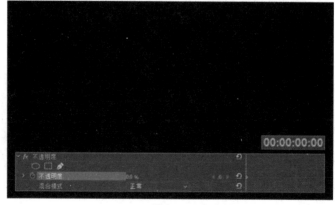

图 7-46

Step 07 移动时间线至00:00:02:00处，调整"不透明度"参数为100%，此时"节目监视器"面板中的效果如图7-47所示。

图 7-47

Step 08 选择"效果控件"面板中的所有关键帧，右击，在弹出的快捷菜单中执行"缓入"和"缓出"命令，使动画效果更平缓，如图7-48所示。

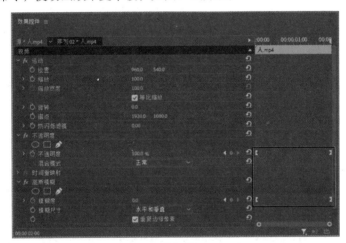

图 7-48

Step 09 双击"项目"面板中的"进度条"素材箱，将其打开，选择"圆角矩形/进度条.psd"素材，将其拖曳至V2轨道中，选择"框/进度条.psd"，将其拖曳至V3轨道中，并调整持续时间与V1轨道第1段素材一致，如图7-49所示。

图 7-49

Step 10 在"效果"面板中搜索"裁剪"视频效果，拖曳至"时间轴"面板中V2轨道的素材上，移动时间线至00:00:00:00处，单击"裁剪"效果中"右侧"参数左侧的"切换动画"按钮，添加关键帧，并设置"右侧"参数为67%，此时，"节目监视器"面板中的效果如图7-50所示。

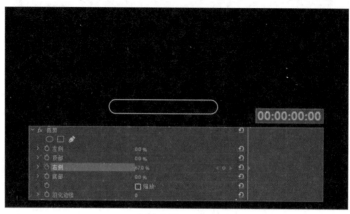

图 7-50

Step 11 移动时间线至00:00:01:24处，设置"右侧"参数为33%，此时"节目监视器"面板中的效果如图7-51所示。移动第2个关键帧至00:00:02:00处。

图 7-51

Step 12 选中"项目"面板中的"配乐.wav"素材，拖曳至"时间轴"面板中的A1轨道中，使用"剃刀工具"剪切素材并删除多余部分，使其持续时间与V1轨道第2段素材一致，如图7-52所示。

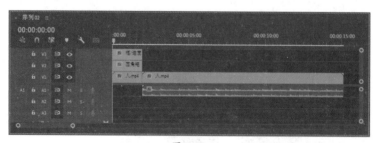

图 7-52

Step 13 在"效果"面板中搜索"指数淡化"音频过渡效果，拖曳至"时间轴"面板中A1轨道素材的起始处和末端，添加音频过渡效果，如图7-53所示。

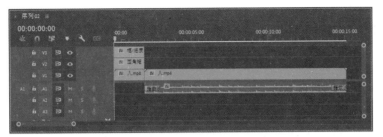

图 7-53

Step 14 移动时间线至00:00:00:00处，按空格键，播放效果如图7-54所示。

图 7-54

Step 15 按Ctrl+M组合键，打开"导出设置"对话框，在"导出设置"选项卡中选择"格式"为H.264，单击"输出名称"右侧的蓝字，打开"另存为"对话框，设置存储名称及参数，完成后单击"保存"按钮，返回至"导出设置"对话框，在"视频"选项卡中设置"比特率编码"为"VBR 2"次，"目标比特率"为4，"最大比特率"为8，如图7-55所示。其他保持默认设置，单击"导出"按钮即可输出MP4视频。

图 7-55

至此，完成MP4视频文件的输出。

1. Q: 在 Premiere 软件中，常用的、可输出的视频格式有哪些？它们有什么特点？

A: 制作完成后，用户可以将其输出为多种视频格式，常用的包括AVI格式、QuickTime格式、H.264格式等。

- AVI全称为Audio Video Interleaved，该格式可同步播放音频和视频，画面质量好，兼容性高。
- QuickTime格式文件可导出为MOV文件，该格式为一种音频视频文件格式，出自苹果公司，可以存储常用数字媒体类型。与AVI格式相比，该格式画面效果较好。
- H.264格式是MPEG 4标准的第十部分，与MPEG等压缩技术相比，H.264具有很高的数据压缩比率，同时还拥有高质量的流畅图像，网络适应性强，在网络传输中更方便经济，该格式文件后缀为".mp4"。

2. Q: 为什么要进行渲染预览？

A: 渲染预览可以减少最终的输出时间，提高输出速率。

3. Q: 输出 GIF 格式为什么变成了一张张图片？

A: 在Premiere软件中，用户可以选择输出GIF格式和动态GIF格式，其中，选择GIF格式将输出每一帧的图像，选择动态GIF格式将输出动态GIF。

4. Q: 在 Premiere 软件中，常用的、可输出的音频格式有哪些？它们有什么特点？

A: 常见的音频输出格式包括MP3格式、波形音频格式、Windows Media格式、AAC音频格式等。

- MP3是一种音频编码方式，它可以大幅度降低音频数据量，减少占用空间，在音质上也没有明显下降，适用于移动设备的存储和使用。
- 波形音频格式是最早的音频格式，保存文件后缀为".wav"。该格式支持多种压缩算法，且音质好，但占用的存储空间也相对较大，不便于交流和传播。
- Windows Media格式即WMA格式，该格式通过减少数据流量但保持音质的方法提高压缩率，在压缩比和音质方面都比MP3格式好。
- AAC音频格式的中文名称为"高级音频编码"，该格式采用全新的算法进行编码，更高效，压缩比相对来说也较高，但AAC格式为有损压缩，音质有所不足。

第8章
制作动态相册

　　动态相册是日常生活中比较常见的类型，用户可以通过动态相册记录生活，也可以结合其他平台进行发布，获得曝光量。本章将结合影视后期制作的相关知识，介绍动态相册的制作。

Pr 8.1　制作思路

动态相册可以更好地展示照片，增加照片观看时的趣味性。在日常生活中，用户可以选择将照片处理成动态相册，便于欣赏。

1.设计构思

本实例选择模拟真实照片质感的方式，加上模糊的背景，作出照片的真实感与朦胧美，通过翻页的方式使照片转场，模拟真实的翻看相册的效果，使动态相册符合观众的阅读习惯，整体效果平滑自然，具有趣味性和可操作性。

2.实现方法

通过视频效果使背景模糊虚化，结合关键帧的使用，作出动画的效果；嵌套序列可以很好地打包处理素材，方便对素材整体添加效果；在不同的素材之间添加视频过渡效果，使素材切换更自然；音频文件的添加可以给相册添加轻松愉悦的气息。

3.知识点应用

- 素材处理。
- 视频效果的添加与编辑。
- 视频过渡效果的添加与编辑。
- 音频效果及音频过渡效果的应用。
- 项目输出。

Pr 8.2　素材剪辑

　　素材是影视后期处理的基础，用户需要筛选大量的素材，并从中选择符合自己需要的素材进行处理，从而使其满足制作需要。本节将对素材剪辑的操作进行介绍。

Step 01 打开Premiere软件，新建项目，执行"文件"|"新建"|"序列"命令，打开"新建序列"对话框，切换至"设置"选项卡，设置"编辑模式"为自定义，"帧大小"为1920和1080，"像素长宽比"为方形像素（1.0），"场"为无场（逐行扫描），"序列名称"为动态相册，如图8-1所示。完成后单击"确定"按钮，新建序列。

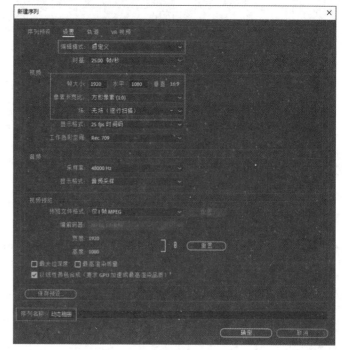

图 8-1

Step 02 在"项目"面板空白处双击，打开"导入"对话框，选择本章所有素材文件，如图8-2所示。

图 8-2

Step 03 单击"打开"按钮，导入本章素材文件，如图8-3所示。

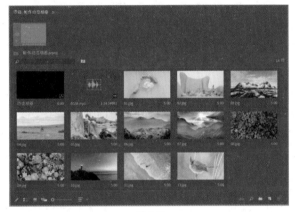

图 8-3

Step 04 选中"项目"面板中的图片素材，拖曳至"时间轴"面板中的V1轨道中，如图8-4所示。

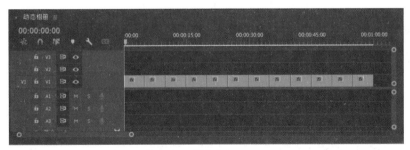

图 8-4

Step 05 选择V1轨道中的素材文件，右击，在弹出的快捷菜单中执行"速度/持续时间"命令，打开"剪辑速度/持续时间"对话框，设置"持续时间"为00:00:03:00，并选择"波纹编辑，移动尾部剪辑"复选框，完成后单击"确定"按钮，调整素材持续时间，如图8-5所示。

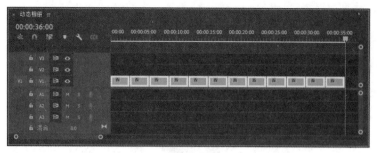

图 8-5

Step 06 选中"项目"面板中的音频素材，拖曳至"时间轴"面板中的A1轨道中，如图8-6所示。

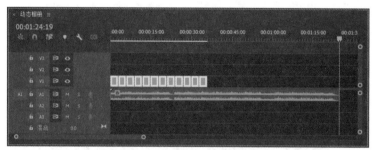

图 8-6

Step 07 移动时间线至00:00:23:10处，使用"剃刀工具" 🔪在A1轨道素材时间线处单击剪切音频素材，并删除第1段音频素材，将第2段音频素材前移，结果如图8-7所示。

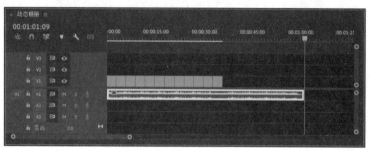

图 8-7

Step 08 移动时间线至00:00:36:00处，再次使用"剃刀工具" 🔪剪切音频素材，并删除右半部分音频素材，如图8-8所示。

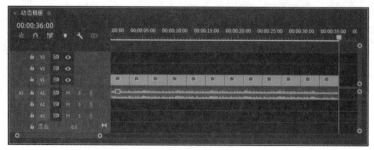

图 8-8

至此，完成素材的导入与剪辑。

Pr 8.3 效果制作

效果是使视频脱颖而出的一大法宝，用户可以为素材添加不同的效果，使其焕发新的光彩。本节将对动态相册中效果的添加进行逐一介绍。

8.3.1 添加视频效果

在添加视频效果时，用户可以结合关键帧的使用，使效果的变化更生动。下面将对此进行介绍。

Step 01 选中V1轨道中的素材文件，按住Alt键向上拖曳，复制至V2轨道中，隐藏V2轨道素材，如图8-9所示。

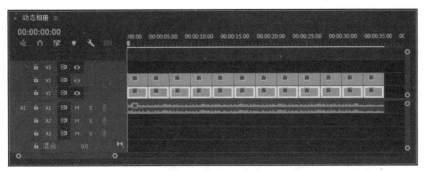

图 8-9

Step 02 在"效果"面板中搜索"高斯模糊"视频效果，拖曳至"时间轴"面板V1轨道中的第1段素材上，在"效果控件"面板中，设置"高斯模糊"效果"模糊度"参数为30，并选择"重复边缘像素"复选框，使素材发生模糊，在"节目监视器"面板中的预览效果如图8-10所示。

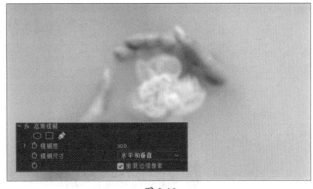

图 8-10

Step 03 在"时间轴"面板中选中V1轨道中的第1段素材，右击，在弹出的快捷菜单中执行"复制"命令，选中V1轨道中的其他素材，右击，在弹出的快捷菜单中执行"粘贴属性"命令，打开"粘贴属性"对话框，选择"运动"复选框、"效果"复选框和"高斯模糊"复选框，单击"确定"按钮，为其他素材粘贴添加的效果，在"节目监视器"面板中的预览效果如图8-11所示。

图 8-11

Step 04 显示V2轨道素材文件，选择V2轨道素材文件，右击，在弹出的快捷菜单中执行"嵌套"命令，在打开的"嵌套序列名称"对话框中设置"名称"为"相册"，完成后单击"确定"按钮，嵌套序列，如图8-12所示。

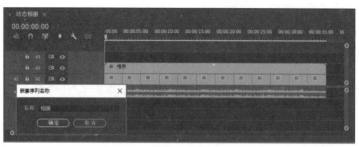

图 8-12

Step 05 双击嵌套序列将其打开，在"效果"面板中搜索"色彩"视频效果，拖曳至V2轨道的第1段素材上，移动时间线至00:00:00:00处，在"效果控件"面板中，单击"色彩"效果"着色量"参数左侧的"切换动画"按钮▣，添加关键帧，移动时间线至00:00:01:00处，调整"着色量"参数为0%，软件将自动添加关键帧，此时在"节目监视器"面板中的预览效果如图8-13所示。

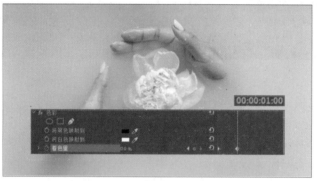

图 8-13

Step 06 在"效果控件"面板中选中添加的关键帧，右击，在弹出的快捷菜单中执行"缓入"和"缓出"命令，使变化效果更自然。设置"缩放"参数为70，缩小素材，如图8-14所示。

图 8-14

Step 07 在"时间轴"面板中选中V2轨道中的第1段素材，右击，在弹出的快捷菜单中执行"复制"命令，选中V2轨道中的其他素材，右击，在弹出的快捷菜单中执行"粘贴属性"命令，打开"粘贴属性"对话框，选择"运动"复选框、"效果"复选框和"色彩"复选框，单击"确定"按钮,为其他素材粘贴添加的效果,在"节目监视器"面板中的预览效果如图8-15所示。

图 8-15

Step 08 单击"基本图形"面板中的"新建图层"按钮 █,在弹出的快捷菜单中执行"矩形"命令,新建矩形,此时"时间轴"面板的V3轨道中将自动出现图形素材,"节目监视器"面板中也将出现矩形,在"基本图形"面板中设置矩形"填充"为白色,并添加阴影,在"节目监视器"面板中的预览效果如图8-16所示。

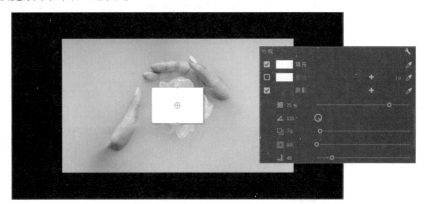

图 8-16

Step 09 在"时间轴"面板中移动图形素材至V1轨道,并调整持续时间与V1轨道中的第1段素材一致,使用"选择工具" █ 在"节目监视器"面板中调整矩形大小,如图8-17所示。

图 8-17

Step 10 选中V1轨道中的图形素材,按住Alt键向后拖曳复制,重复多次,效果如图8-18所示。

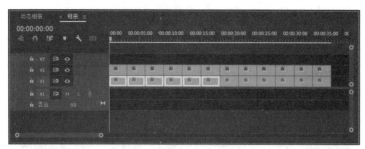

图 8-18

Step 11 选中V1轨道和V2轨道中的第1段素材，右击，在弹出的快捷菜单中执行"嵌套"命令，在打开的"嵌套序列名称"对话框中设置"名称"为01，完成后单击"确定"命令，嵌套素材，如图8-19所示。

图 8-19

Step 12 使用相同的方法，按照顺序依次嵌套V1轨道和V2轨道中的素材，完成后效果如图8-20所示。

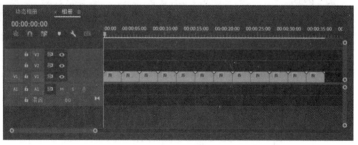

图 8-20

Step 13 在"效果"面板中搜索"变换"视频效果，拖曳至V1轨道的第1段嵌套素材上，移动时间线至00:00:01:10处，在"效果控件"面板中选择"变换"效果中的"等比缩放"复选框，单击"变换"效果"缩放"参数左侧的"切换动画"按钮，添加关键帧，移动时间线至00:00:02:10处，在"效果控件"面板中调整"缩放"参数为145，软件将自动添加关键帧，此时，在"节目监视器"面板中的预览效果如图8-21所示。

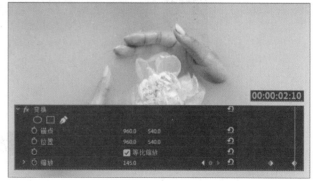

图 8-21

Premiere视频剪辑标准教程（全彩微课版）

Step 14 在"时间轴"面板中选中V1轨道中的第1段嵌套素材，右击，在弹出的快捷菜单中执行"复制"命令，选中V1轨道中的其他素材，右击，在弹出的快捷菜单中执行"粘贴属性"命令，打开"粘贴属性"对话框，选择"运动"复选框、"效果"复选框和"变换"复选框，单击"确定"按钮，为其他素材粘贴添加的效果，在"节目监视器"面板中预览效果如图8-22所示。

图 8-22

至此，视频效果添加完成，切换至"动态相册"序列中，移动时间线至00:00:00:00处，按空格键播放，效果如图8-23所示。

图 8-23

8.3.2　添加视频过渡效果

视频过渡效果可以使素材间的切换更平滑，使素材过渡更自然。下面将练习在素材间添加视频过渡效果。

Step 01 切换至"相册"嵌套序列，在"效果"面板中搜索"页面剥落"视频过渡效果，拖曳至V1轨道中的第1段素材和第2段素材之间，选中添加的视频过渡效果，在"效果控件"面板中设置"持续时间"为00:00:01:00，"对齐"为中心切入，在"节目监视器"面板中的预览效果如图8-24所示。

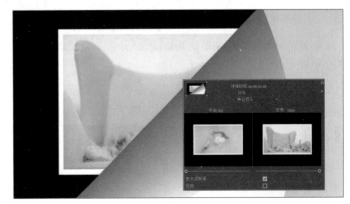

图 8-24

Step 02 使用相同的方法，在其他素材间添加"页面剥落"视频过渡效果，如图8-25所示。

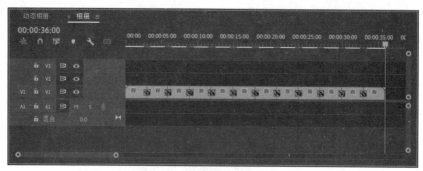

图 8-25

Step 03 切换至"动态相册"序列，在"效果"面板中搜索"交叉溶解"视频过渡效果，拖曳至V1轨道中的第1段素材和第2段素材之间，添加视频过渡效果，如图8-26所示。

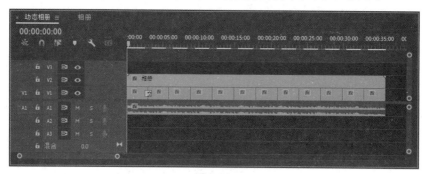

图 8-26

Step 04 使用相同的方法，在V1轨道其他素材间添加"交叉溶解"视频过渡效果，如图8-27所示。

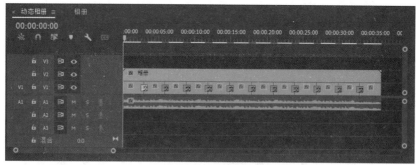

图 8-27

至此，完成视频过渡效果的添加。

8.3.3 设置音频效果

制作动态电子相册时，添加一些轻柔的音乐，可以使相册具有轻松的气息。下面讲解如何对相册中添加的音频进行设置。

Step 01 选择A1轨道中的音频素材，在"效果控件"面板中设置"级别"参数为-6dB，降低音频音量，如图8-28所示。

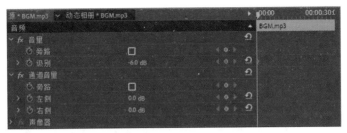

图 8-28

Step 02 在"效果"面板中搜索"恒定增益"音频过渡效果，拖曳至"时间轴"面板中A1轨道素材的起始处和末端，在"效果控件"面板中设置其"持续时间"为00:00:02:00，如图8-29所示。

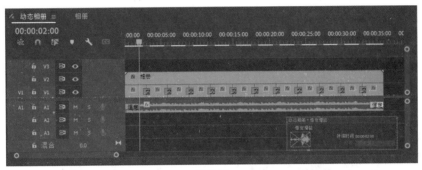

图 8-29

至此，完成音频效果的设置。

Pr 8.4 项目输出

完成动态相册的制作后，可以将其输出为其他视频格式，以便后续观看和使用。下面将对此进行介绍。

Step 01 按Ctrl+M组合键，打开"导出设置"对话框，在该对话框中选择"格式"为H.264，单击"输出名称"右侧的蓝字，打开"另存为"对话框，设置视频保存路径和名称，如图8-30所示。

图 8-30

Step 02 完成后单击"保存"按钮，返回"导出设置"对话框，在"视频"选项卡中设置"比特率编码"为"VBR，2次"，"目标比特率"为4，"最大比特率"为8，如图8-31所示。

图 8-31

Step 02 完成后单击“导出”按钮，待弹出的“编码 动态相册”对话框进度条结束后，即可输出MP4视频，在文件夹中双击即可打开观看，效果如图8-32所示。

图 8-32

至此，完成动态相册的制作与输出。

Premiere视频剪辑标准教程（全彩微课版）

第9章
制作影片片头

  在影视后期制作中，片头是至关重要的一环。它是观众对影片的第一印象，是影片开场的序幕，不同类型的影片片头起着不同的作用，带给观众不同的观影体验。本章节将结合影视后期制作的相关知识，介绍影片片头的制作。

Pr 9.1 制作思路

影片片头展示了影片大部分的信息，用户可以通过片头了解影片的制作等信息。制作影片片头时，用户需要对影片信息进行整理归纳，以合理的顺序将其展示出来。

1. 设计构思

本实例通过剪辑素材，选择素材中视觉效果较好的部分进行拼接，制作流畅的片头效果，使镜头切换自然顺畅；通过文字展示影片信息，使影片片头效果更完整，满足视觉体验；整体效果平滑流畅，满足观众需求。

2. 实现方法

通过剪辑选取素材中的精华部分进行融合，结合关键帧制作动画效果，使素材间更融洽，转场自然不突兀；添加文字信息，并放置在合适的位置，使文字的出现与结束符合观众的阅读习惯；音频效果的添加则烘托整体片头的氛围，引人入胜。

3. 知识点应用

- 素材处理。
- 文字的编辑与应用。
- 效果的添加与编辑。
- 项目输出。

Pr 9.2 素材剪辑

制作影片片头需要用到大量的素材，用户需要对这些素材进行筛选并处理，再进行应用。下面将针对素材的剪辑处理等操作进行介绍。

9.2.1 导入并新建素材

导入素材是制作视频的第一步，用户可以选择多种方式将其导入。除了导入素材外，用户还可以通过"项目"面板新建素材。下面对此进行介绍。

Step 01 打开Premiere软件，新建项目，执行"文件"|"新建"|"序列"命令，打开"新建序列"对话框，切换至"设置"选项卡，设置"编辑模式"为自定义，"帧大小"为1920和1080，"像素长宽比"为方形像素（1.0），"场"为无场（逐行扫描），"序列名称"为影片片头，如图9-1所示。完成后单击"确定"按钮，新建序列。

图 9-1

Step 02 按Ctrl+I组合键，打开"导入"对话框，选择本章所有素材文件，如图9-2所示。

图 9-2

Step 03 单击"打开"按钮，导入本章素材文件，如图9-3所示。

图 9-3

Step 04 单击"项目"面板中的"新建项目"按钮，在弹出的快捷菜单中执行"黑场视频"命令，在弹出的"新建黑场视频"对话框中保持默认设置，单击"确定"按钮创建黑场视频素材，如图9-4所示。

图 9-4

至此，完成素材的导入及新建。

9.2.2 剪辑素材

"项目"面板中的素材多而杂，用户需要对其进行剪辑，该操作可以在"源监视器"面板中进行。下面将针对素材的剪辑进行介绍。

Step 01 选择"项目"面板中的"洗菜.mp4"素材并双击，在"源监视器"面板中打开该素材，移动时间线至00:00:01:04处，单击"标记入点"按钮，标记素材入点，移动时间线至00:00:15:13处，单击"标记出点"按钮标记素材出点，如图9-5所示。

图 9-5

Step 02 在"源监视器"面板中选中素材，按住鼠标左键将其拖曳至"时间轴"面板的V1轨道，在弹出的"剪辑不匹配警告"对话框中单击"保持现有设置"按钮，保持序列设置，如图9-6所示。

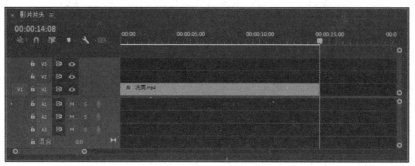

图 9-6

Step 03 在"时间轴"面板选中V1轨道中的素材文件，右击，在弹出的快捷菜单中执行"缩放为帧大小"命令，调整素材大小，在"节目监视器"面板中的预览效果如图9-7所示。

图 9-7

Step 04 在"时间轴"面板选中V1轨道中的素材文件，右击，在弹出的快捷菜单中执行"速度/持续时间"命令，打开"剪辑速度/持续时间"对话框，设置"持续时间"为00:00:08:00，完成后单击"确定"按钮，效果如图9-8所示。

图 9-8

Step 05 在"项目"面板中双击"做饭
2.mp4"素材,在"源监视器"面板中设置其
入点在00:00:01:14处,出点在00:00:06:13处,
如图9-9所示。

图 9-9

Step 06 在"源监视器"面板中选中素材,按住鼠标左键将其拖曳至"时间轴"面板中V1
轨道的第1段素材之后,如图9-10所示。

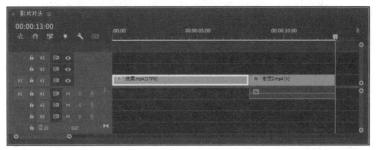

图 9-10

Step 07 在"项目"面板中双击"切
菜.mp4"素材,在"源监视器"面板中设置其
入点在00:00:01:23处,出点在00:00:06:22处,
如图9-11所示。

图 9-11

Step 08 在"源监视器"面板中选中素材，按住鼠标左键将其拖曳至"时间轴"面板中V1轨道的第2段素材之后，如图9-12所示。

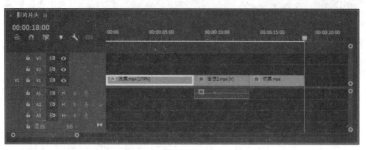

图 9-12

Step 09 使用相同的方法，在"源监视器"面板中设置其入点在00:00:27:18处，出点在00:00:40:04处，如图9-13所示。

图 9-13

Step 10 在"源监视器"面板中选中素材，按住鼠标左键将其拖曳至"时间轴"面板中V1轨道的第3段素材之后，右击，在弹出的快捷菜单中执行"速度/持续时间"命令，打开"剪辑速度/持续时间"对话框，设置"持续时间"为00:00:05:00，完成后单击"确定"按钮，调整素材持续时间，如图9-14所示。

图 9-14

Step 11 使用相同的方法，继续在"源监视器"面板中打开素材，并重新设置入点和出点，选取素材的一部分，完成后将其拖曳至"时间轴"面板中，选中所有素材，右击，在弹出的快捷菜单中执行"缩放为帧大小"命令，并调整持续时间为5s，完成后效果如图9-15所示。

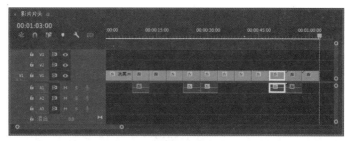

图 9-15

注意事项 该步骤中用户选择剪切自己认为合适的片段即可。案例中所用素材顺序依次为"洗菜.mp4""做饭2.mp4""切菜.mp4""土豆.mp4""黄瓜.mp4""腌肉.mp4""生鱼片.mp4""炒菜.mp4""做饭.mp4""撒盐.mp4"和"菜.mp4"。

Step 12 按住Shift键选中V1轨道中带有音频的素材，右击，在弹出的快捷菜单中执行"取消链接"命令，取消音视频链接并删除音频素材，如图9-16所示。

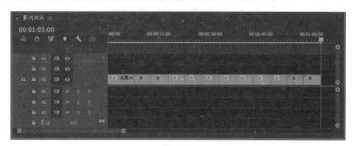

图 9-16

Step 13 选中"项目"面板中的黑场视频素材，将其拖曳至"时间轴"面板中的V2轨道中，如图9-17所示。

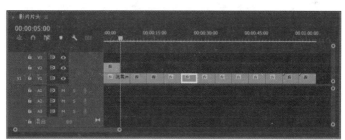

图 9-17

Step 14 选中"项目"面板中的"音频.mp3"素材，将其拖曳至"时间轴"面板中的A1轨道中，如图9-18所示。

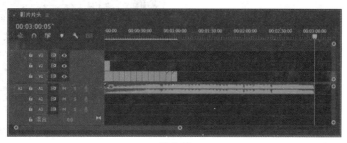

图 9-18

Step 15 移动时间线至00:00:49:12处，使用"剃刀工具" 剪切A1轨道中的音频素材，并删除第2段，如图9-19所示。

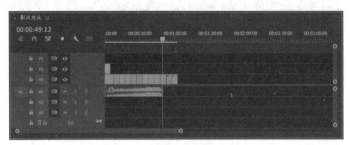

图 9-19

Step 16 选中A1轨道中的音频素材，右击，在弹出的快捷菜单中执行"速度/持续时间"命令，打开"剪辑速度/持续时间"对话框，设置"持续时间"为00:01:03:00，并选择"保持音频音调"复选框，完成后单击"确定"按钮，如图9-20所示。

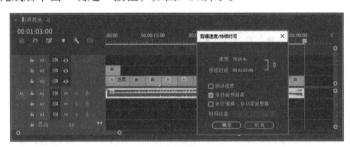

图 9-20

至此，完成素材的剪辑。

Pr 9.3 效果制作

处理完素材后，可以在视频中添加文字和效果，使视频更生动有趣。本节将针对文字的添加及效果的制作进行介绍。

9.3.1 添加文字

在影片片头的制作过程中，文字是必不可少的部分，用户可以使用文字介绍影片的出品方、导演、主演等信息，以清晰明了地展示影片制作人员信息。下面将针对文字的添加进行介绍。

Step 01 移动时间线至00:00:00:00处，选择"文字工具" ，在"节目监视器"面板中单击并输入文字，如图9-21所示。此时"时间轴"面板中的V3轨道也将出现相应的文字素材，调整其持续时间与V1轨道第1段素材一致。

图 9-21

Step 02 在"基本图形"面板中选中文字图层，双击选中输入的文字，单击"水平居中对齐"按钮 ▣，设置文字与画面水平居中对齐，设置其"字体"为仓耳渔阳体，"字体样式"为W04，"字体大小"为100，"填充"为白色，并添加黑色阴影，在"节目监视器"面板中的预览效果如图9-22所示。

图 9-22

Step 03 使用相同的方法，继续使用"文字工具" Ⅱ 在"节目监视器"面板中单击并输入文字，并设置其"字体样式"为W03，"字体大小"为80，如图9-23所示。

图 9-23

Step 04 移动时间线至00:00:08:00处，使用"文字工具" Ⅱ 在"节目监视器"面板中单击并输入文字，选中"作品"文字，在"基本图形"面板中设置"字体大小"为60，在"节目监视器"面板中的预览效果如图9-24所示。

图 9-24

Step 05 此时"时间轴"面板的V2轨道中将出现文字素材，将其移动至V3轨道中的第1段素材之后，如图9-25所示。

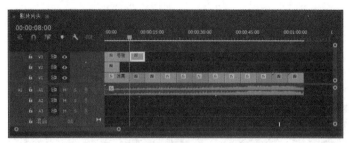

图 9-25

Step 06 移动时间线至00:00:13:00处，使用"文字工具"**T**在"节目监视器"面板中单击并输入文字，选中输入的文字，在"基本图形"面板中设置"字体"为庞门正道粗书体，"字体大小"为200，在"节目监视器"面板中的预览效果如图9-26所示。

图 9-26

Step 07 此时"时间轴"面板的V2轨道中将出现文字素材，将其移动至V3轨道中的第2段素材之后，如图9-27所示。

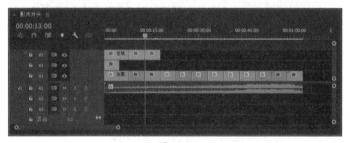

图 9-27

Step 08 移动时间线至00:00:18:00处，使用"文字工具"在"节目监视器"面板中单击并输入文字，选中输入的文字，在"基本图形"面板中单击"右对齐文本"按钮，设置文字右对齐，设置"字体"为仓耳渔阳体，"字体样式"为W03，"字体大小"为80，在"节目监视器"面板中的预览效果如图9-28所示。

图 9-28

Step 09 继续输入文字，并将其选中，在"基本图形"面板中单击"左对齐文本"按钮 ，设置文字左对齐，设置"字体"为仓耳渔阳体，"字体样式"为W02，"字体大小"为60，在"节目监视器"面板中的预览效果如图9-29所示。

图 9-29

Step 10 将"时间轴"面板的V2轨道中的文字素材移动至V3轨道中的第3段素材之后，如图9-30所示。

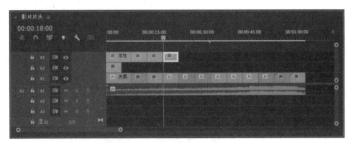

图 9-30

Step 11 选中V3轨道中的第4段素材，按住Alt键向后拖曳复制，双击文字使其进入可编辑状态，修改文字内容，如图9-31所示。

图 9-31

Step 12 使用"选择工具"选中文字，并调整至合适位置，如图9-32所示。

图 9-32

Step 13 使用相同的方法，继续复制V3轨道中的第4段素材，并修改文字内容，移动至合适位置，如图9-33所示。

图 9-33

Step 14 在"基本图形"面板中选中文字图层，右击，在弹出的快捷菜单中执行"复制"命令（第2个复制），在"节目监视器"面板中移动至合适位置，并修改文字内容，如图9-34所示。

图 9-34

Step 15 选中V3轨道中的第5段和第6段文字素材，按住Alt键向后拖曳复制，并修改文字内容，移动至合适位置，如图9-35所示。

图 9-35

Step 16 选中V3轨道中的第7段文字素材，按住Alt键向后拖曳复制，并修改文字内容，移动至合适位置，如图9-36所示。

图 9-36

Step 17 选中V3轨道中的第8段文字素材，按住Alt键向后拖曳复制，并修改文字内容，移动至合适位置，如图9-37所示。

图 9-37

Step 18 选中V3轨道中的第9段文字素材，按住Alt键向后拖曳复制，并修改文字内容，移动至合适位置，如图9-38所示。

图 9-38

Step 19 选中V3轨道中的第10段文字素材，按住Alt键向后拖曳复制，并修改文字内容，移动至合适位置，如图9-39所示。

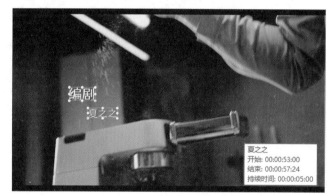

图 9-39

Step 20 选中V3轨道中的第11段文字素材，按住Alt键向后拖曳复制，并修改文字内容，移动至合适位置，如图9-40所示。

图 9-40

Step 21 此时"时间轴"面板如图9-41所示。

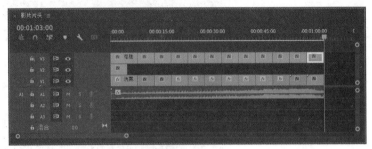

图 9-41

至此，完成文字的添加及编辑。

9.3.2 添加效果

在制作影片片头的过程中，为视频素材添加不同的视频效果，可以使素材的播放、素材间的切换更顺滑，从而为观众带来更有吸引力的视觉体验。下面将针对添加的效果进行介绍。

Step 01 在"效果"面板中搜索"黑场过渡"视频过渡效果，拖曳至"时间轴"面板中V1轨道的第1段素材起始处，并在"效果控件"面板中设置其"持续时间"为00:00:02:00，如图9-42所示。

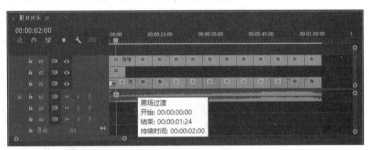

图 9-42

Step 02 使用相同的方法，在V1轨道的第12段素材末端添加"黑场过渡"视频过渡效果，并设置其"持续时间"为00:00:01:00，如图9-43所示。

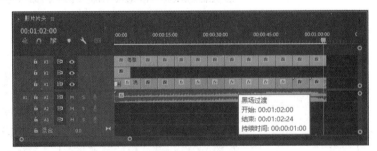

图 9-43

Step 03 继续将"黑场过渡"视频过渡效果拖曳至V1轨道的第1段素材和第2段素材之间、第2段素材和第3段素材之间、第3段素材和第4段素材之间，并在"效果控件"面板中设置"持续时间"为00:00:02:00，"对齐"为"中心切入"，如图9-44所示。

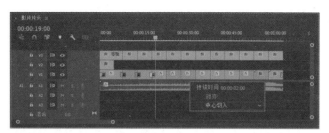

图 9-44

Step 04 在"效果"面板中搜索"拆分"视频过渡效果，拖曳至V2轨道素材末端，在"效果控件"面板中设置"方向"为自北向南，"持续时间"为00:00:05:00，如图9-45所示。

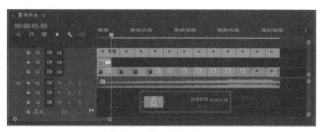

图 9-45

Step 05 移动时间线至00:00:01:10处，选中V3轨道中的第1段素材，在"效果控件"面板中单击"不透明度"参数左侧的"切换动画"按钮，添加关键帧，并设置"不透明度"参数为0%，移动时间线至00:00:03:10处，设置"不透明度"参数为100%，此时，软件将自动添加关键帧，在"节目监视器"面板中的预览效果如图9-46所示。

图 9-46

Step 06 选中"效果控件"面板中的关键帧，右击，在弹出的快捷菜单中执行"缓入"和"缓出"命令，使动画更平缓，如图9-47所示。

图 9-47

Step 07 在"效果"面板中搜索"交叉溶解"视频过渡效果，拖曳至V3轨道的第1段素材与第2段素材之间，并在"效果控件"面板中设置"持续时间"为00:00:02:00，"对齐"为"中心切入"，如图9-48所示。

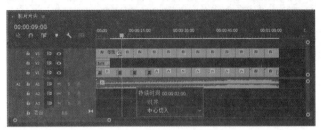

图 9-48

Step 08 在"效果"面板中搜索"黑场过渡"视频过渡效果，拖曳至"时间轴"面板的V3轨道中的第2段素材和第3段素材之间，添加"黑场视频"视频过渡效果，并在"效果控件"面板中设置"持续时间"为00:00:02:00，"对齐"为"中心切入"，如图9-49所示。

图 9-49

Step 09 移动时间线至00:00:14:00处，在"效果"面板中搜索"粗糙边缘"视频效果，拖曳至"时间轴"面板的V3轨道中的第3段素材上，在"效果控件"面板中单击"粗糙边缘"效果"边框"参数左侧的"切换动画"按钮，添加关键帧，并设置"边框"参数为300，移动时间线至00:00:15:00处，设置"边框"参数为0，软件将自动添加关键帧，移动时间线至00:00:17:00处，单击"边框"参数右侧的"添加/移除关键帧"按钮，添加关键帧，移动时间线至00:00:18:00处，设置"边框"参数为300，如图9-50所示。

图 9-50

Step 10 在"效果"面板中搜索"交叉溶解"视频过渡效果，拖曳至"时间轴"面板的V3轨道中的第4段素材起始处，如图9-51所示。

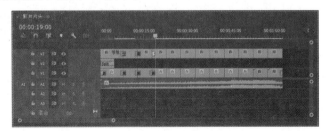

图 9-51

Step 11 继续将"交叉溶解"视频过渡效果拖曳至"时间轴"面板的V3轨道中的第4段素材～第12段素材之间，并在"效果控件"面板中设置"持续时间"为00:00:02:00，"对齐"为"中心切入"，如图9-52所示。

图 9-52

Step 12 在"效果"面板中搜索"黑场过渡"视频过渡效果，拖曳至"时间轴"面板的V3轨道中的第12段素材末端，添加视频过渡效果，如图9-53所示。

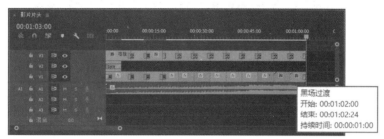

图 9-53

Step 13 在"效果"面板中搜索"指数淡化"音频过渡效果，拖曳至A1轨道中的音频素材末端，在"效果控件"面板中设置"持续时间"为00:00:02:00，如图9-54所示。

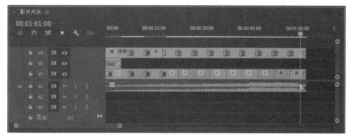

图 9-54

Step 14 在"效果"面板中搜索"指数淡化"音频过渡效果，拖曳至A1轨道音频素材末端，在"效果控件"面板中设置"持续时间"为00:00:02:00。

至此，完成效果的添加，如图9-55所示。

图 9-55

Pr 9.4 影片输出

完成影片片头的制作后，可以将其输出，以便与其他软件衔接和应用。下面对此进行介绍。

Step 01 按Enter键渲染预览，使红色时间轴部分变为绿色，如图9-56所示。

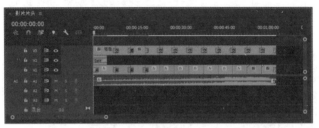

图 9-56

Step 02 按Ctrl+M组合键，打开"导出设置"对话框，在该对话框中选择"格式"为H.264，单击"输出名称"右侧的蓝字，打开"另存为"对话框设置视频保存路径和名称，如图9-57所示。

图 9-57

Step 03 完成后单击"保存"按钮，返回"导出设置"对话框，在"视频"选项卡中设置"比特率编码"为"VBR，2次"，"目标比特率"为4，"最大比特率"为8，如图9-58所示。

图 9-58

Step 04 完成后单击"导出"按钮，待弹出的"编码 动态相册"对话框进度条结束后，即可输出MP4视频，如图9-59所示。

至此，完成影片片头的制作与输出。

图 9-59

第10章
制作影片片尾

　　在影视后期制作中，片尾是非常重要的一部分。影片片尾与片头类似，都是影片中不可或缺的部分。通过片尾，可以概括总结整个影片，对影片进行升华，从而使观众得到较好的观影体验。本章将结合影视后期制作的相关知识，介绍影片片尾的制作。

影片片尾一般会添加花絮、彩蛋、演职人员名单等信息，是影片中必不可少的的部分。制作影片片尾时，用户需要对片尾结构有所了解，合理地搭配视频和文字信息，使片尾更完整。

1. 设计构思

本实例通过脚步、金黄的树叶以及书页中的树叶等视频素材，展示一种悲凉、寂寥的氛围，结合影片片尾主题，显示一种苍凉之感；在制作过程中，添加动画效果，使片尾转换自然合理；搭配文字信息，展示职员名单，使整体结构更完整。

2. 实现方法

剪辑素材选取需要的部分，并对其进行处理，结合视频效果及关键帧的使用，使素材片段自然流畅；添加音频信息，烘托片尾氛围，使结束更具韵味；添加滚动文字信息，使文字信息的时机合理，且符合片尾主题。

3. 知识点应用

- 素材处理。
- 文字的编辑与应用。
- 效果的添加与编辑。
- 项目输出。

Pr **10.2** 素材剪辑

影片片尾是影片中非常重要的一部分，通过片尾，可以与片头遥相呼应，将整个影片推向高潮。在制作片尾的过程中，必不可少的部分就是素材的处理，下面将对此进行介绍。

Step 01 打开Premiere软件，新建项目，执行"文件"|"新建"|"序列"命令，打开"新建序列"对话框，切换至"设置"选项卡，设置"编辑模式"为自定义，"帧大小"为1920和1080，"像素长宽比"为方形像素（1.0），"场"为无场（逐行扫描），"序列名称"为影片片尾，如图10-1所示。完成后单击"确定"按钮，新建序列。

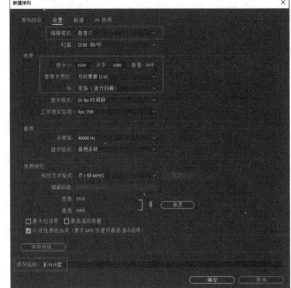

图 10-1

Step 02 执行"文件"|"导入"命令，打开"导入"对话框，选择本章所有素材文件，如图10-2所示。

图 10-2

Step 03 单击"打开"按钮，导入本章素材文件，如图10-3所示。

图 10-3

Step 04 双击"项目"面板中的"落叶.mp4"素材，在"源监视器"面板中打开该素材，移动时间线至00:00:11:19处，单击"标记出点"按钮■标记素材出点，如图10-4所示。

图 10-4

Step 05 在"源监视器"面板中选中素材，按住鼠标左键将其拖曳至"时间轴"面板中的V1轨道，在打开的"剪辑不匹配警告"对话框中单击"保持现有设置"按钮，保持序列设置，如图10-5所示。

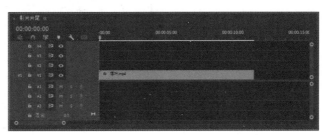

图 10-5

Step 06 在"时间轴"面板中选中V1轨道中的素材文件，右击，在弹出的快捷菜单中执行"速度/持续时间"命令，打开"剪辑速度/持续时间"对话框，设置"持续时间"为00:00:08:00，完成后单击"确定"按钮，如图10-6所示。

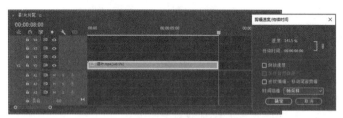

图 10-6

Step 07 在"项目"面板中双击"书签.mp4"素材，在"源监视器"面板中设置其入点为00:00:02:38处，出点为00:00:08:37处，如图10-7所示。

图 10-7

Step 08 在"源监视器"面板中选中素材，按住鼠标左键将其拖曳至"时间轴"面板中V1轨道的第1段素材之后，如图10-8所示。

图 10-8

Step 09 在"项目"面板中双击"仰视.mp4"素材，在"源监视器"面板中设置其入点为00:00:03:00处，出点为00:00:09:59处，如图10-9所示。

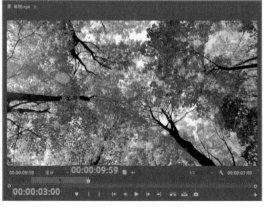

图 10-9

Step 10 在"源监视器"面板中选中素材，移动光标至"仅拖动视频"按钮■上，按住鼠标左键将选择的视频部分拖曳至"时间轴"面板中V1轨道的第2段素材之后，如图10-10所示。选中V1轨道的第3段素材，右击，在弹出的快捷菜单中执行"缩放为帧大小"命令，调整素材大小。

图 10-10

Step 11 选中"项目"面板中的"伴奏.mp3"素材，将其拖曳至"时间轴"面板的A1轨道中，如图10-11所示。

图 10-11

Step 12 选中A1轨道中的音频素材，右击，在弹出的快捷菜单中执行"速度/持续时间"命令，打开"剪辑速度/持续时间"对话框，设置"持续时间"为00:00:21:00，并选择"保持音频音调"复选框，完成后单击"确定"按钮，如图10-12所示。

图 10-12

至此，完成素材的剪辑。

Pr 10.3 效果制作

制作片尾时，用户可以通过添加文字和视频效果，使片尾内容更融洽自然。本节将对此进行介绍。

▍10.3.1 添加文字

文字可以很好地表达影片的主旨，帮助观众理解影片，并沉浸于影片。在片尾中，用户可以通过添加文字，制作演职人员信息。下面对此进行介绍。

Step 01 打开本章素材文件"演职人员表.txt"，按Ctrl+A组合键全选，按Ctrl+C组合键复制。切换至Premiere软件中，移动时间线至00:00:00:00处，选择"文字工具"，在"节目监视器"面板中单击，此时"节目监视器"面板中将出现文字编辑框，如图10-13所示。

图 10-13

Step 02 按Ctrl+V组合键粘贴复制的文字，如图10-14所示。

图 10-14

Step 03 在"基本图形"面板中选中文字图层，单击"居中对齐文本"按钮，使文本居中对齐，设置"字体"为黑体，"字体大小"为40，在"节目监视器"面板中的预览效果如图10-15所示。

图 10-15

Step 04 在"基本图形"面板中选中文字图层，设置"填充"为白色，"描边"为黑色，并添加投影，在"节目监视器"面板中的预览效果如图10-16所示。

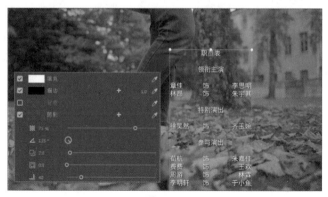

图 10-16

Step 05 在"基本图形"面板中的空白处单击，取消选中文字图层，选择"滚动"复选框，并选择"启动屏幕外"和"结束屏幕外"复选框，制作滚动字幕效果，如图10-17所示。

图 10-17

Step 06 在"节目监视器"面板中移动文字至合适位置，如图10-18所示。

图 10-18

Step 07 移动光标至"节目监视器"面板左侧的文字滚动滑块上，按住鼠标左键向上拖曳，直至显示第一行文字，选中"职员表"文字，在"基本图形"面板中设置大小为60，如图10-19所示。

图 10-19

Step 08 使用相同的方法，拖动滑块选择"领衔主演""特别演出"等文字，在"基本图形"面板中设置大小为50，效果如图10-20所示。

图 10-20

Step 09 移动时间线至00:00:03:00处，在"时间轴"面板中移动V2轨道中的文字素材起始处与时间线对齐，并调整其持续时间，使其结束时间与V1轨道素材一致，移动V2轨道素材至V3轨道，如图10-21所示。

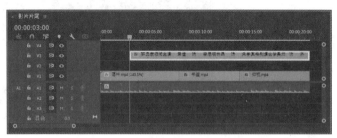

图 10-21

至此，完成文字的添加。

10.3.2 添加效果

不同的效果可以带来不同的视觉感受，用户可以通过视频效果调整素材的色彩，制作动态效果，也可以使用视频过渡效果，使过渡更平滑，下面对此进行介绍。

Step 01 选中V1轨道中的素材文件，按住Alt键向上拖曳复制，隐藏V2轨道素材，如图10-22所示。

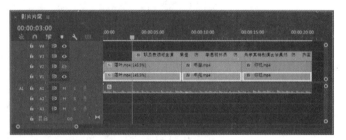

图 10-22

Step 02 在"效果"面板中搜索"亮度曲线"视频效果，拖曳至V1轨道的第1段素材上，在"效果控件"面板中调整曲线，在"节目监视器"面板中的预览效果如图10-23所示。

图 10-23

Step 03 在"效果"面板中搜索"RGB曲线"视频效果，拖曳至V1轨道的第1段素材上，在"效果控件"面板中调整主要曲线和红色曲线，在"节目监视器"面板中的预览效果如图10-24所示。

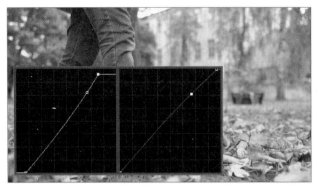

图 10-24

Step 04 在"效果"面板中搜索"高斯模糊"视频效果，拖曳至V1轨道的第1段素材上，在"效果控件"面板中设置"高斯模糊"效果的"模糊度"参数为100，并选择"重复边缘像素"复选框，在"节目监视器"面板中的预览效果如图10-25所示。

图 10-25

Step 05 选中V1轨道的第1段素材，右击，在弹出的快捷菜单中执行"复制"命令，选中V2轨道的第1段素材，右击，在弹出的快捷菜单中执行"粘贴属性"命令，打开"粘贴属性"对话框，选择"亮度曲线"和"RGB曲线"复选框，完成后单击"确定"按钮，粘贴属性，显示V2轨道中的素材，在"节目监视器"面板中的预览效果如图10-26所示。

图 10-26

Step 06 使用相同的方法，选中V1轨道的第2段和第3段素材，右击，在弹出的快捷菜单中执行"粘贴属性"命令，打开"粘贴属性"对话框，选择"高斯模糊"复选框，完成后单击"确定"按钮，粘贴属性，隐藏V2轨道中的素材，在"节目监视器"面板中的预览效果如图10-27所示。

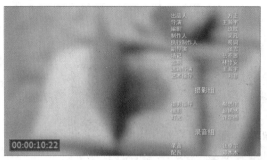

图 10-27

Step 07 移动时间线至00:00:00:00处，在"效果"面板中搜索"基本3D"视频效果，拖曳至V2轨道的第1段素材上，在"效果控件"面板中，单击"运动"效果的"位置"参数、"基本3D"效果的"旋转"参数和"与图像的距离"参数左侧的"切换动画"按钮◎，添加关键帧，如图10-28所示。

图 10-28

Step 08 移动时间线至00:00:03:00处，调整"运动"效果的"位置"参数、"基本3D"效果的"旋转"参数和"与图像的距离"参数，软件将自动添加关键帧，如图10-29所示。

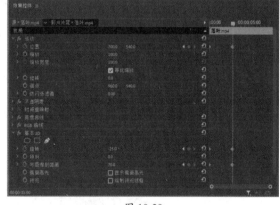

图 10-29

Step 09 选中添加的关键帧，右击，在弹出的快捷菜单中执行"临时插值"|"缓入"和"临时差值"|"缓出"命令，使变化更平缓自然，如图10-30所示。

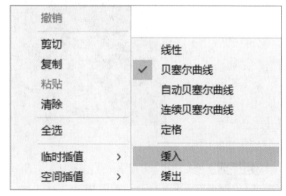

图 10-30

Step 10 在"效果"面板中搜索"投影"视频效果，拖曳至V2轨道的第1段素材上，在"效果控件"面板中设置"投影"效果参数，在"节目监视器"面板中的预览效果如图10-31所示。

图 10-31

Step 11 选中V2轨道的第1段素材，右击，在弹出的快捷菜单中执行"复制"命令，选中V2轨道的第2段素材，右击，在弹出的快捷菜单中执行"粘贴属性"命令，打开"粘贴属性"对话框，选择"运动""基本3D"和"投影"复选框，完成后单击"确定"按钮，粘贴属性，在"节目监视器"面板中的预览效果如图10-32所示。

图 10-32

Step 12 移动时间线至00:00:10:06，选中V2轨道的第2段素材，在"效果控件"面板中选中00:00:08:00处的关键帧，按Delete键删除，如图10-33所示。

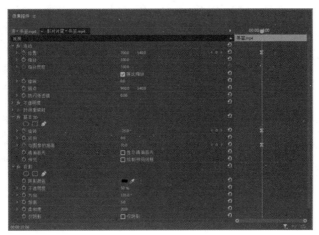

图 10-33

Step 13 选中V2轨道的第2段素材，右击，在弹出的快捷菜单中执行"复制"命令，选中V2轨道的第3段素材，右击，在弹出的快捷菜单中执行"粘贴属性"命令，打开"粘贴属性"对话框，选择"运动""基本3D"和"投影"复选框，完成后单击"确定"按钮，粘贴属性，在"节目监视器"面板中的预览效果如图10-34所示。

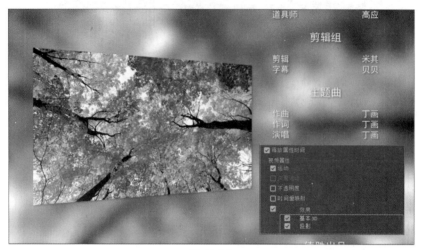

图 10-34

Step 14 在"效果"面板中搜索"交叉溶解"视频过渡效果，拖曳至V1轨道的第1段素材和第2段素材之间，如图10-35所示。

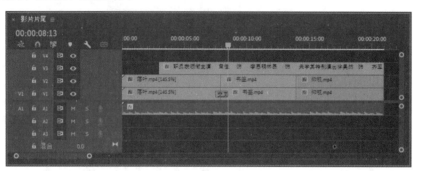

图 10-35

Step 15 使用相同的方法，继续添加"交叉溶解"视频过渡效果，如图10-36所示。

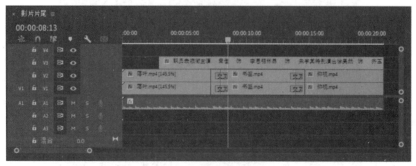

图 10-36

Step 16 在"效果"面板中搜索"黑场过渡"视频过渡效果，拖曳至V1轨道和V2轨道的第3段素材末端，如图10-37所示。

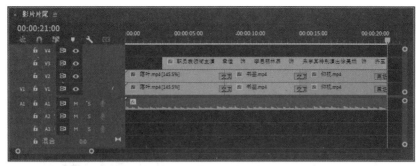

图 10-37

至此，完成效果的添加。

Pr 10.4 项目输出

片尾制作完成之后，可以根据需要将其输出不同的格式，以便后续使用。为了便于观看，本节将把片尾输出为".mp4"格式文件，下面对此进行介绍。

Step 01 按Ctrl+M组合键，打开"导出设置"对话框，在对话框中选择"格式"为H.264，单击"输出名称"右侧的蓝字，打开"另存为"对话框，设置视频保存路径和名称，如图10-38所示。

图 10-38

Step 02 完成后单击"保存"按钮，返回"导出设置"对话框，在"视频"选项卡中设置"比特率编码"为"VBR，2次"，"目标比特率"为4，"最大比特率"为8，如图10-39所示。

图 10-39

Step 03 完成后单击"导出"按钮，即可输出MP4视频，视频播放效果如图10-40所示。

图 10-40

至此，完成影片片尾的制作与输出。